Vaino Tangeni Shigwedha

Ondas de mudança: Investigação dos factores de qualidade da água

Vaino Tangeni Shigwedha

Ondas de mudança: Investigação dos factores de qualidade da água

Uma análise aprofundada dos factores determinantes da qualidade da água no rio Otjiseru de Windhoek

ScienciaScripts

Imprint

Any brand names and product names mentioned in this book are subject to trademark, brand or patent protection and are trademarks or registered trademarks of their respective holders. The use of brand names, product names, common names, trade names, product descriptions etc. even without a particular marking in this work is in no way to be construed to mean that such names may be regarded as unrestricted in respect of trademark and brand protection legislation and could thus be used by anyone.

Cover image: www.ingimage.com

This book is a translation from the original published under ISBN 978-620-7-80698-0.

Publisher:
Sciencia Scripts
is a trademark of
Dodo Books Indian Ocean Ltd. and OmniScriptum S.R.L publishing group

120 High Road, East Finchley, London, N2 9ED, United Kingdom
Str. Armeneasca 28/1, office 1, Chisinau MD-2012, Republic of Moldova, Europe
Printed at: see last page
ISBN: 978-620-8-29351-2

Factores determinantes da qualidade da água no rio Otjiseru em Windhoek, Namíbia.

Por

Vaino Tangeni Shigwedha

ÍNDICE DE CONTEÚDOS

LISTA DE ABREVIATURAS E ACRÓNIMOS

APHA	American Public Health Association.
AWWA	American Water Works Association
BOD	Biological Oxygen Demand
CCME	Canadian Council of Ministers of Environment
CCMEWQI	Canadian Council of Minister of the Environment Water Quality Index
COD	Chemical Oxygen Demand
DWA	Department of Water Affairs
EC	Electrical Conductivity
EPA	Environmental Protection Agency
GDP	Gross Domestic Product
GWP	Global Water Partnership
IWRM	Integrated Water Resources Management
LULC	Land Use Land Cover
NGS	Namibian Government Standards
NSFWQI	National Sanitation Foundation Water Quality Index
OWQI	Oregon Water Quality Index
OWTP	Otjomuise Wastewater Treatment Plant
SADC	Southern African Development Community
SPSS	Statistical Package for Social Sciences
TDS	Total Dissolved Solids
TN	Total Nitrogen
UN	United Nations
USGS	United States Geological Survey

USAID   United States Agency International Development

WAWQI   Weighted Arithmetic Water Quality Index

WHO   World Health Organization

WINGOC   Windhoek Goreangab Operating Company

AGRADECIMENTOS

Em primeiro lugar e acima de tudo, gostaria de agradecer a Deus, o Todo-Poderoso, por me ter concedido esta oportunidade. É com grande prazer que exprimo o meu profundo sentimento de gratidão, obrigação e respeito sincero a Joshua Hidinwa / FHASNR, Departamento de Ciências da Saúde, pelo seu apoio, crítica e orientação meticulosa ao longo desta tese. Reconheço com gratidão as valiosas contribuições de todos os membros do corpo docente do departamento. Estou grato às autoridades do Laboratório da Cidade de Windhoek, departamentos governamentais da Namíbia, pela prestação de serviços e informações para a elaboração das inferências desta investigação e, por último, ao Departamento de Engenharia Civil que me permitiu utilizar o laboratório. Aproveito esta oportunidade para expressar os meus agradecimentos e gratidão aos meus pais, à minha família e aos meus amigos pelo seu afeto e encorajamento sem fim

RESUMO

A monitorização da qualidade da água é um aspeto importante da monitorização e do planeamento ambiental. A qualidade da água do rio Otjiseru foi avaliada para determinar os factores que influenciam a sua qualidade utilizando a análise de componentes principais (PCA) e o índice de qualidade da água (WQI). Sete locais de amostragem foram selecionados propositadamente e testados para parâmetros físico-químicos e biológicos. Foram analisados onze parâmetros de qualidade da água: temperatura, pH, Condutividade eléctrica (CE), turbidez, sólidos totais dissolvidos (TDS), nitratos (NO_3), fosfatos (PO_4), sulfatos (SO_4), Carência química de oxigénio (COD), Carência biológica de oxigénio (BOD), oxigénio dissolvido (DO) e clorofila-a. Oito dos onze parâmetros CE, TDS, Oxigénio Dissolvido (OD), SO_4, NO_3, PO_4, Temperatura e pH foram selecionados utilizando PCA. Os valores médios registados para os parâmetros foram 2,617± 0,3 mg/l CBO, 1544,55 ± 1828,667µS/cm CE, 3,8 ± 6,3mg/l NO3, 748,24 ± 747,753mg/l TDS, 68,48± 38,6mg/l CQO, 8,810 ± 5,5 mg/l OD, 115,262 ± 25,3mg/l SO4 e 2,138 ± 1,3 mg/l. 2,138 ± 1,3 mg/l PO4. Quatro componentes principais contribuíram cumulativamente para 82,54% da variância dos conjuntos de dados. A análise de variância unidirecional entre os dados de 2010 obtidos da cidade de Windhoek e os dados de 2022 para os pontos de amostragem S1, S3 e S4 não revelou qualquer variação significativa a um intervalo de confiança de 5% para os nitratos (p=0,108), fosfatos (p=0,43), TDS (p= 0,23), CBO (p=0,15), CQO (p=0,17) e OD (p=0,13), respetivamente. As alterações de uso e ocupação do solo foram classificadas para explorar a relação entre as alterações de uso do solo na bacia hidrográfica e as suas implicações para a qualidade da água. O tipo de utilização do solo dominante na bacia hidrográfica do Otjiseru foi a área construída (64,1%), seguida dos arbustos (18%) e, por último, das massas de água que cobriam 17,88% da área total. Os resultados indicaram que o IQA médio do rio Otjiseru para os sete locais de amostragem era de 53,5, o que é classificado como médio de acordo com o índice IQA de Solway. O estudo revelou que a água do rio Otjiseru é de qualidade média e é influenciada pelos usos do solo, aspectos climáticos e actividades antropogénicas.

1.0 Introdução

1.1 Antecedentes

A qualidade das águas superficiais tem-se deteriorado em todo o mundo, tornando-se uma preocupação ambiental global (Owa, 2013). A urbanização, a industrialização e o rápido crescimento populacional contribuíram para o declínio da qualidade das águas de superfície (Evans-White, Haggard e Scott, 2013). Os contaminantes provenientes de escoamentos agrícolas, esgotos e efluentes industriais são os principais poluentes dos recursos de água doce (Walakira e Okot-okumu, 2011; Owa, 2013). Kgabi e Joseph (2012) afirmam que as fontes de água de superfície são altamente vulneráveis à poluição natural e antropogénica devido à sua fácil acessibilidade ao escoamento de águas pluviais e à eliminação de águas residuais. Este facto teve um impacto negativo na saúde dos seres humanos e dos animais (Camara, Jamil e Abdullah, 2019). De acordo com a Organização Mundial de Saúde (2014), dois milhões de mortes por diarreia, principalmente entre crianças com menos de cinco anos, são registadas todos os anos devido à falta de segurança da água, do saneamento e da higiene.

Os poluentes comuns das massas de água incluem produtos químicos industriais, pesticidas, metais pesados tóxicos, produtos farmacêuticos, substâncias desreguladoras do sistema endócrino e nutrientes que causam a eutrofização (TNC, 2016). As substâncias indutoras de eutrofização conduzem a uma elevada produtividade primária nas massas de água e à redução do oxigénio dissolvido (OD), e a sua decomposição nas massas de água aumenta a sedimentação e os sólidos em suspensão que causam turbidez (TNC, 2016). Estes elementos podem provocar um aumento da carga orgânica, do teor de sal, da carga microbiológica e da proliferação de algas na massa de água.

O inevitável crescimento económico dos países em desenvolvimento resultou em extensas mudanças na utilização/cobertura do solo que influenciam a degradação do ambiente e dos recursos hídricos (Kanianska 2015; Salerno et al. 2018). Os efeitos ambientais negativos dificultam os esforços de promoção do desenvolvimento sustentável, bem como comprometem a qualidade dos meios de subsistência humanos (Amin, Ofosu1, Adjei1 e Odai, 2021). A qualidade comprometida da água agrava o stress hídrico em muitos países, aumentando a escassez de fontes de água doce. Esta situação foi considerada uma das principais catástrofes do século XXI (Srinivasan et al. 2012). Os rios situados em bacias hidrográficas com práticas agrícolas extensivas e práticas de uso do solo construídas aumentaram as entradas de poluição (Sickman et al., 2007). Apenas alguns países em desenvolvimento têm a capacidade de monitorizar adequadamente a qualidade da água (Damania et al., 2019).

Os escassos recursos hídricos da Namíbia estão a enfrentar ameaças de fontes de poluição pontuais e não pontuais (GNR, 2010a). Uma enorme proporção da população rural e da população urbana não tem água potável devido aos elevados níveis de poluição (GNR, 2010a). O rio Gammams tem sido poluído por sistemas de esgotos municipais com mau funcionamento, resíduos domésticos, bem como defecação a céu aberto (Kgabi e Joseph, 2012). O rio Klein Windhoek e a barragem de Swakoppoort foram poluídos pela estação de tratamento de águas residuais de Ujams, que trata águas residuais industriais (Lehmann e Leon, 2010). A barragem de Goreangab, situada nos subúrbios do noroeste de Windhoek, a capital da Namíbia, é suscetível de ser contaminada por poluentes provenientes de actividades recreativas, áreas de construção, actividades industriais e estações de tratamento de águas residuais (Lempert, 2007). O rio Otjiseru que está localizado a jusante da barragem de Goreangab está passando por ameaças de poluição semelhantes não só de receber resíduos tratados da estação de tratamento de águas residuais Otjomuise (Claasen, 2016), mas de vários usos da terra e fontes potenciais de poluição localizadas ao longo do rio. O rio Otjiseru flui na direção noroeste e eventualmente liga com o rio Swakop. Durante a estação chuvosa, o caudal do rio atinge o reservatório de Swakopport que é uma importante fonte de abastecimento de água para a rede da área central da Namíbia (Iileka, 2017).

A análise da qualidade da água é um aspeto importante da monitorização ambiental. É essencial para identificar fontes de poluentes (PNUA, 2010). Foram estabelecidos vários métodos de monitorização da qualidade da água, incluindo indicadores biológicos, deteção remota, índices de qualidade da água (WQI) e análises físico-químicas. Os parâmetros físico-químicos, como a temperatura, o total de sólidos dissolvidos (TDS), a condutividade eléctrica (CE), os fosfatos, os sulfatos, os nitratos, o pH, o oxigénio dissolvido (OD), a carência química de oxigénio (CQO) e a carência biológica de oxigénio (CBO) podem ser analisados para determinar a qualidade geral das fontes de água, como as tendências ao longo do tempo, para avaliar a conformidade com os limites permitidos e para obter informações relativas a problemas de qualidade da água (Word Health Organization, 2010).

Os índices de qualidade da água foram desenvolvidos pela primeira vez por Horton em 1965 e têm sido aplicados com sucesso em estudos de avaliação da qualidade da água em várias regiões do mundo. As fórmulas amplamente utilizadas incluem o Índice Aritmético Ponderado de Qualidade da Água (WAWQI), o Índice de Qualidade da Água da Fundação Nacional de Saneamento (NSFWQI), o Índice de Qualidade da Água do Conselho Canadiano de Ministros do Ambiente (CCMEWQI) e o Índice de Qualidade da Água do Oregon (OWQI) (Amin et al., 2021, Fadaei e Gafari, 2015). O índice de qualidade da água transforma dados complexos sobre a qualidade da água em informações facilmente compreensíveis e utilizáveis que podem ser acedidas pelo público (Srivastava et al., 2013).

Os procedimentos de análise de dados multivariados ou multidimensionais têm sido cada vez mais utilizados na realização de estudos ambientais que incluem tanto a medição como a monitorização (Amin et al., 2021). Os procedimentos que são frequentemente utilizados para a análise multivariada são a análise de componentes principais (ACP) e a análise de agrupamentos (AC). A PCA é utilizada para reduzir a dimensionalidade dos dados, bem como para identificar os parâmetros-chave que contribuem para a poluição para a conceção de programas eficazes de monitorização da qualidade da água (Bidhendi et al., 2013).

A análise de agrupamento é um método utilizado para inferir as semelhanças e dissemelhanças dos parâmetros que ocorrem em diferentes estações de amostragem. Neste estudo, foram utilizadas técnicas estatísticas multivariadas para analisar a qualidade das águas superficiais do rio Otjiseru em sete estações ao longo do rio. A análise estatística multivariada foi vital para avaliar os factores determinantes da qualidade da água neste estudo.

Foram obtidos dados secundários da cidade de Windhoek para monitorizar os parâmetros de qualidade da água da barragem de Goreangab, da Windhoek Goreangab Operating Company (WINGOC), das estações de tratamento de águas residuais de Gammams e Otjomuise. Os dados serão utilizados para monitorizar a tendência da qualidade da água durante longos períodos de tempo.

A informação sobre a qualidade da água não é fiável ou é inadequada nos países em desenvolvimento e, quando existe, pode não ser útil. Atualmente, existem desequilíbrios entre a informação e os conhecimentos disponíveis e as necessidades dos que tentam gerir a base de recursos hídricos. De igual modo, existem lacunas na compreensão dos efeitos das interações humanas na qualidade da água, como as descargas de efluentes das cidades, minas e indústrias, e uma falta de compreensão das soluções adequadas. Não foram publicadas informações sobre a análise exaustiva da qualidade da água e as possíveis fontes de poluição do rio Otjiseru. O objetivo deste estudo é avaliar os factores determinantes da qualidade da água do rio Otjiseru e quantificar todos os parâmetros adequados.

1.2 Declaração do problema

O rio Otjiseru encontra-se a jusante dos estabelecimentos urbanos, industriais e hoteleiros em expansão, que representam um risco para a qualidade da sua água. Também recebe água excedente da barragem de Goreangab durante a estação das chuvas. Mais a jusante, os efluentes tratados da Estação de Tratamento de Águas Residuais de Otjomuise (ETEO) são descarregados no rio. Lehmann (2012) afirma que o rio Otjiseru é uma fonte de poluição da barragem de Swakoppoort que faz parte da rede central de abastecimento de água para Windhoek. Como tal, o rio complementa a barragem que fornece maioritariamente água potável, e o rio é também uma fonte de água de irrigação agrícola para as quintas.

A água do rio Otjiseru registou concentrações elevadas de nitratos, variando entre 3,8 mg/l e 7 mg/l, o que excedeu as normas governamentais da Namíbia (Lehmann, 2012). A falta de cumprimento dos limites de descarga de efluentes deve ser monitorizada e os regulamentos de gestão da água devem ser aplicados de modo a preservar a qualidade da água do rio. Por conseguinte, é vital determinar constantemente as fontes pontuais e não pontuais de poluição do rio Otjiseru para uma gestão adequada da bacia hidrográfica, bem como para salvaguardar a saúde pública.

Ao longo dos anos, a bacia hidrográfica do rio Otjiseru tem vindo a sofrer gradualmente alterações formais e informais na utilização do solo para zonas urbanas e agricultura. As povoações informais que se encontram na bacia hidrográfica representam uma séria ameaça de aumento da poluição por nutrientes, que é prejudicial tanto para a vida aquática como para os seres humanos. A regulação das mudanças de uso do solo através do planeamento ambiental é de grande importância para proteger a fonte de água. O objetivo desta investigação foi avaliar os factores determinantes da qualidade da água do rio Otjiseru e recomendar medidas de proteção da bacia hidrográfica que evitem que o rio continue a ser poluído.

1.3 Justificação

A Namíbia está entre os países mais secos da África subsariana, com recursos hídricos extremamente escassos e frágeis (GNR, 2010a). A parte central do país depende de cursos de água efémeros que contribuem com vinte e dois por cento da água de superfície durante a estação das chuvas. O rio Otjiseru é um rio efémero localizado a montante da barragem de Swakopoort, que é uma fonte de água significativa que apoia as principais actividades produtivas da capital do país, Windhoek. Como tal, a qualidade da água do rio deve ser monitorizada regularmente, a fim de reduzir os impactos ecológicos negativos e evitar a proliferação de doenças transmitidas pela água.

Os resultados da investigação informarão os decisores políticos, as instituições de gestão dos recursos hídricos e as partes interessadas sobre o estado da qualidade da água e os impactos dos diferentes usos do solo, para fins de planeamento e, em última análise, para uma abordagem holística da proteção dos recursos hídricos. A investigação contribuirá com dados para o sistema de informação sobre a água e disponibilizará medições empíricas às autoridades, melhorando assim os sistemas de recolha de dados e a comunicação com as partes interessadas sobre o estado de poluição do rio (Kadewa et al., 2005; Garizi et al., 2011). Além disso, a monitorização da qualidade da água pode ajudar na revisão das políticas e ajudar as instituições de gestão da água a dar prioridade aos planos para uma gestão eficaz.

As actividades de uso da terra em torno do rio Otjiseru precisam de ser identificadas e os seus impactos avaliados, a fim de se poderem elaborar medidas eficazes de gestão da bacia hidrográfica. Os poluentes provenientes de actividades a montante tendem a reduzir a produtividade dos utilizadores a jusante em até um terço (TNC, 2016). A monitorização da qualidade do rio aumentará a sensibilização das partes interessadas e dos utilizadores para o impacto das actividades humanas na qualidade da água. A monitorização da qualidade da água identificará os principais poluentes no rio para que sejam implementadas acções corretivas. O acesso à água limpa e segura do rio melhorará o bem-estar social e os meios de subsistência da nação, aumentando assim a produtividade.

Por último, o conhecimento do estado atual da qualidade da água no rio Otjiseru pode orientar as medidas mais adequadas para gerir o rio. O estudo também avaliará a eficácia do atual quadro jurídico da qualidade da água em termos de aplicação e controlo do cumprimento da poluição pontual.

1.4 Objectivos do estudo

1.4.1 Objetivo principal

O principal objetivo é identificar os factores determinantes da qualidade da água no rio Otjiseru.

1.4.2 Objectivos específicos

1. Investigar os tipos de poluentes de fontes potenciais de poluição do rio Otjiseru.
2. Explorar a relação entre as mudanças no uso da terra na bacia hidrográfica e a qualidade da água do rio Otjiseru.
3. Examinar os factores que influenciam a qualidade da água do rio Otjiseru.
4. Avaliar o índice relativo de qualidade da água em diferentes pontos ao longo do rio Otjiseru.

1.5 Questões de investigação

1. Que tipos de poluentes estão presentes no rio Otjiseru?
2. Quais são os diferentes tipos de uso do solo na bacia hidrográfica do rio Otjiseru e como é que eles afectam a qualidade da água no rio?
3. Quais são os factores determinantes da qualidade da água do rio Otjiseru?
4. Quais são os índices relativos de qualidade da água em pontos ao longo do rio?

CAPÍTULO 2

2.0 REVISÃO DA LITERATURA

2.1 Monitorização da qualidade da água

A monitorização da qualidade da água envolve a medição dos parâmetros físico-químicos e biológicos de uma fonte de água para compreender os factores internos e externos que influenciam o estado dessa fonte específica (Giri e Qiu, 2016). É a medição padronizada e a longo prazo da qualidade da água para definir o seu estado e tendências (Zhang et al., 2014). A Organização para a Normalização (ISO) define a monitorização como o processo programado de amostragem, medição e subsequente registo de várias caraterísticas da água, muitas vezes com o objetivo de avaliar a conformidade com objectivos específicos (OMS, 2010). A monitorização pode ser efectuada para um determinado fim, sob a forma de inquéritos, vigilância e gestão. A recolha de dados é então definida pelo tipo de programa de monitorização necessário. Os elementos da gestão da qualidade da água incluem o controlo da poluição, a utilização, a captação e a utilização dos solos. Os dados sobre a qualidade da água são também necessários para a avaliação das tendências a longo prazo e dos impactos ambientais (OMS, 2010). A análise da qualidade da água envolve a medição dos parâmetros necessários da água, seguindo métodos padrão, para avaliar se eles estão dentro dos limites dos padrões estabelecidos (Ritabrata, 2019). O procedimento inclui a análise de múltiplos parâmetros, de amostras adquiridas em diferentes momentos de monitorização, a partir de numerosas estações de monitorização (Damania et al., 2019). Para realizar uma monitorização eficaz em termos de custos, é necessário otimizar as redes de monitorização e o número de parâmetros de qualidade da água sem perder informações úteis (Zhang, et al., 2014). Vários métodos e técnicas têm sido utilizados no domínio da monitorização da qualidade da água a nível mundial, sendo os mais utilizados a análise de parâmetros biológicos e físico-químicos para avaliar o estado da qualidade da água dos sistemas de água doce (Kutlu, et al., 2016). Os investigadores também utilizam os índices de qualidade da água como indicadores de poluição da água, avaliando as alterações espaciais e temporais.

2.2 Caraterísticas físico-químicas e biológicas da água

2.2.1 Temperatura

A temperatura da água influencia largamente a atividade biológica e os processos químicos, afectando assim os organismos que vivem na água. Além disso, a temperatura da água influencia a taxa de fotossíntese das plantas aquáticas, a época de reprodução e migração e as taxas metabólicas dos organismos aquáticos. Além disso, à medida que a temperatura da água aumenta, a capacidade da água para dissolver o oxigénio diminui, de modo que as massas de água têm menos oxigénio dissolvido (OD) a temperaturas elevadas. Consequentemente, a água mais fria tem uma maior capacidade de retenção de oxigénio do que a água mais quente (Carl et al., 2015). A temperatura também afecta a solubilidade das substâncias na água, influenciando assim a toxicidade de muitos outros parâmetros na água. As cargas naturais de calor que afectam a temperatura da água nos cursos de água incluem o sol direto (especialmente quando a água não está adequadamente sombreada pela vegetação circundante) e a água mais quente que flui de lagos ou reservatórios pouco profundos (Tessema e Mohammed, 2014). A eliminação de efluentes industriais aquecidos de centrais eléctricas e fabricantes industriais também provoca uma mudança brusca de temperatura que diminui o fornecimento de oxigénio e afecta o ecossistema (Speight, 2020).

Pelo contrário, as actividades de irrigação envolvem a libertação de água fria de reservatórios de armazenamento para águas mais quentes, baixando assim a temperatura das massas de água receptoras. Os efeitos da poluição das águas frias podem ser semelhantes aos da poluição das águas quentes (Kennedy, 2004).

2.2.2 Oxigénio dissolvido (OD) e carência biológica de oxigénio (CBO)

O oxigénio dissolvido (OD) é uma medida da quantidade de oxigénio dissolvido na água (expressa em percentagem ou mg/l). É um parâmetro importante na avaliação da qualidade da água devido à sua influência sobre os organismos aquáticos que vivem numa massa de água (Boyer, Kelble, Ortner e Rudnick, 2009). A concentração de DO em água doce não poluída pode ser influenciada por actividades biológicas, químicas e antropogénicas dentro e em redor da massa de água. As concentrações de DO variam em diferentes zonas aquáticas das massas de água e podem ser influenciadas por factores como a temperatura da água, a taxa de fotossíntese, o grau de penetração da luz (que, por sua vez, é determinado pela turbidez e pela profundidade da água) e a quantidade de oxigénio utilizada na respiração e na decomposição da matéria orgânica (Carl et al., 2015). As plantas e os animais aquáticos dependem do OD para a sua sobrevivência, e a sua falta pode ser prejudicial para a vida aquática (Fondriest Environmental, 2013). As bactérias e os fungos necessitam de oxigénio para a decomposição da matéria orgânica numa massa de água. No entanto, se houver um excesso de material orgânico em decomposição (de algas e outros organismos que morrem) numa massa de água, o oxigénio na água será consumido mais rapidamente (Fondriest Environmental, 2013).

A temperatura da água influencia a quantidade de oxigénio dissolvido presente, de tal forma que a água mais fria contém concentrações mais elevadas de oxigénio, o que se tornou uma causa de preocupação devido às alterações climáticas (Mosimanegape, 2016). As concentrações de oxigénio dissolvido nas massas de água são constantemente afectadas pela difusão e aeração, fotossíntese, respiração e decomposição. Como tal, os níveis de oxigénio dissolvido podem variar entre menos de 1 mg/l e mais de 20 mg/l, dependendo da forma como todos estes factores interagem. Em sistemas de água doce, como lagos, rios e riachos, as concentrações de oxigénio dissolvido variam consoante a estação do ano, a localização e a profundidade da água (Fondriest Environmental, 2013).

A Carência Biológica de Oxigénio (CBO) e o OD como parâmetros da água não podem ser isolados. A decomposição de matéria orgânica, como plantas mortas, folhas, estrume e esgotos presentes na água por bactérias aeróbias é um processo que consome o oxigénio disponível, privando assim outros organismos do oxigénio necessário para sobreviver. A CBO é assim uma medida do oxigénio utilizado pelos microrganismos para decompor os resíduos orgânicos (Tessema e Mohammed, 2014).

Além disso, a presença de nitratos e fosfatos numa massa de água pode contribuir para níveis elevados de CBO. Estes são nutrientes vegetais que aceleram o crescimento das plantas e das algas. À medida que as plantas e as algas morrem, contribuem para os resíduos orgânicos na água, que são depois decompostos por bactérias, resultando num nível elevado de CBO. Quando os níveis de CBO são elevados, os níveis de OD diminuem porque o oxigénio disponível na água está a ser consumido e esgotado pelas bactérias que decompõem a matéria orgânica. A CBO é um parâmetro crítico na medição da poluição das massas de água.

2.2.3 Clorofila a

A concentração de clorofila-a é um dos principais índices em estudos sobre o estado de saúde de qualquer ecossistema aquático. A avaliação das variações da clorofila-a é importante para o estudo da qualidade da água e da poluição aquática (Jamshidi e Bakar, 2011). A concentração de clorofila-a na água está diretamente relacionada com as quantidades de algas que vivem na água. O enriquecimento de nutrientes foi identificado como um fator chave que suporta a proliferação de algas, no entanto, factores como a temperatura da água, profundidade, pH e alcalinidade também influenciam a acumulação de algas (Indiana Department of Environmental Management, 2018). As concentrações de clorofila-a determinam as condições ecológicas dos sistemas aquáticos, contribuindo assim para a determinação da qualidade trófica dos rios, lagos e barragens. A clorofila-a é, assim, uma medida da produtividade biológica nas massas de água (Sondergaard, Jensen e Jeppesen, 2001).

2.2.4 Nutrientes e Eutrofização

Massoud (2012) afirma que os nutrientes desempenham um papel importante na determinação da saúde dos lagos. A produção primária é um dos principais processos que é limitado pela disponibilidade de nutrientes. O aumento da produtividade primária nas massas de água é atribuído a um maior aporte de nutrientes, nomeadamente azoto e fósforo, que pode ter efeitos prejudiciais nos níveis tróficos. Os fitoplânctons são os principais produtores primários que são significativamente impulsionados pelo aumento da entrada de P e N nas massas de água. A proliferação de algas resultante altera as condições de águas límpidas para águas muito turvas (TNC, 2016). French e Petticrew (2007), afirmam que o fitoplâncton é a principal fonte de carbono orgânico, e o crescimento excessivo de algas resultante de cargas antropogénicas de nutrientes pode levar a uma sujidade extrema da água, a falhas a nível trófico, como a morte de peixes, mudanças na composição das espécies, diversidade e saúde em vários níveis tróficos.

A eutrofização em massas de água parada deve-se geralmente a factores como a desflorestação agrícola e florestal, resíduos municipais e industriais ricos em nutrientes, empreendimentos residenciais e recreativos em zonas ribeirinhas com sistemas sépticos geridos de forma ineficaz, e ou escorrências ricas em nutrientes de terras de cultivo fertilizadas e áreas de criação de gado. Carl et al. (2015) referem ainda que os compostos de azoto e fósforo são as principais causas da eutrofização. As massas de água eutróficas são ainda caracterizadas por baixos níveis de oxigénio devido a um aumento da procura de oxigénio por parte dos microrganismos que decompõem a matéria orgânica.

2.2.4.1 Compostos de azoto

Os compostos que contêm azoto actuam como nutrientes nos cursos de água, rios e albufeiras. O azoto total (NT) representa a soma do azoto amoniacal, do nitrito, do azoto nítrico e do azoto orgânico. Quando o azoto é transformado de uma forma para outra, não altera a concentração de TN, embora a perda de azoto possa ocorrer, por exemplo, através da sedimentação de partículas, da absorção de azoto inorgânico pelas algas, da perda de amoníaco não ionizado para a atmosfera e da redução de nitrito mais azoto nitrato a azoto gasoso (Mosimanegape, 2016). O azoto pode entrar nos cursos de água por diferentes vias. As principais vias de entrada de azoto nas massas de água são através de descargas pontuais de águas residuais municipais e industriais, fossas sépticas e descargas de lotes de alimentação, entre outras (Massoud, 2012). O principal impacto dos nitratos/nitritos nas massas de água doce é o enriquecimento. Os nitratos estimulam o crescimento de algas e de outro plâncton, que fornecem alimentos aos organismos de níveis tróficos superiores (zooplâncton, invertebrados e peixes). Um excesso de azoto pode provocar uma sobreprodução de plâncton e ter efeitos nefastos sobre outros organismos, o que se traduz na manifestação de eutrofização (Walakira et al., 2011).

O azoto ocorre tipicamente em concentrações muito mais elevadas, mas apesar de a procura de azoto pelos produtores primários ser igualmente elevada, haverá frequentemente um excedente de azoto (Sondergaard, 2007). Os níveis de azoto podem situar-se em intervalos em que o azoto pode ser limitante. El-Serehy (2018), acrescenta que a limitação da biomassa de algas pelo azoto parece ser mais geral nos lagos subtropicais e tropicais, enquanto o fósforo parece ser o principal nutriente limitante nos lagos temperados.

2.2.5 Fósforo (P)

A maior parte do fósforo nos lagos apresenta-se sob duas formas: fósforo dissolvido e fósforo particulado. No entanto, o fósforo é um nutriente das plantas que é tipicamente escasso na água. O fósforo nas águas naturais encontra-se normalmente nas formas orgânicas (fosfatos organicamente ligados) ou inorgânicas (ortofosfatos e polifosfatos) de fosfato (Minnesota Pollution Control Agency , 2007). O escoamento urbano, o escoamento rural não agrícola e a infiltração de sistemas de tratamento de águas residuais são conhecidos como fontes não pontuais de fósforo nas fontes de água (El-Serehy, 2018). O fósforo é frequentemente o nutriente chave na determinação do número de fitoplâncton (algas) num lago e é geralmente o elemento mais limitante para a produtividade biológica (Kalkhajeh et.al, 2019) em massas de água. Em contrapartida, a Agência de Controlo da Poluição do Minnesota (2007) afirma que, embora o P seja frequentemente limitador do crescimento e da biomassa das algas na maioria dos sistemas de água doce, tal não é necessário no caso dos lagos tropicais.

O fósforo entra num lago através da precipitação, dos cursos de água, do escoamento superficial e das descargas de águas subterrâneas. O fósforo é também introduzido nos lagos pela decomposição da matéria orgânica e pela erosão dos solos. O fósforo presente nos sedimentos dos lagos pode ser libertado para a água em condições anóxicas (sem oxigénio).

O fósforo é aportado a um lago pela atividade humana numa bacia hidrográfica, pela descarga direta de resíduos, pelo escoamento da agricultura ou por sistemas sépticos mal mantidos (Mosinengape, 2016). O fósforo é frequentemente o nutriente limitante nos sistemas de água doce porque não está disponível na atmosfera e é rapidamente reciclado e convertido em formas indisponíveis para as algas (Lehmann, 2010). Como nutriente limitante, qualquer adição de fósforo nas massas de água pode estimular o crescimento de mais algas.

O fósforo nas águas subterrâneas pode influenciar a qualidade das águas superficiais, especialmente durante os períodos de baixa pluviosidade, quando a maior parte do caudal nos cursos de água perenes é o caudal de base. O transporte de fósforo nas águas subterrâneas para as águas superficiais é provavelmente afetado pela geoquímica na zona hiporréica/ripariana, que retém e (ou) liberta fósforo dependendo das condições ambientais, e se as águas subterrâneas descarregam para o curso de água em pontos discretos ou como influxo difuso (Holman et al. 2008). Além disso, o fósforo presente nas águas subterrâneas aplicadas na irrigação de campos agrícolas pode ficar retido nas partículas do solo e ser posteriormente exportado para os cursos de água através de sedimentos durante os eventos de caudal elevado. As três fontes possíveis para o fósforo encontrado nas águas subterrâneas do aquífero aluvial são fontes antropogénicas como os fertilizantes, uma fonte natural no solo ou nos sedimentos do aquífero, ou uma combinação de ambas.

2.2.6 Cloretos
Os cloretos são sais frequentemente presentes em zonas de desenvolvimento urbano. Os cloretos na água das áreas urbanas ocorrem normalmente devido à utilização de amaciadores de água, sal de estrada e drenagem de piscinas. Muitas vezes, a água dos riachos e ribeiros urbanos atinge níveis de cloreto que excedem as diretrizes nacionais de qualidade da água (Claasen, 2016). A concentração de cloro pode ser utilizada como um parâmetro importante para a deteção de contaminação por esgotos, antes de outros testes como CBO e CQO (Verma et al., 2013). É permitido um máximo de 250 mg/l de Cl nas águas de superfície (EPA America, 2001).

2.2.7 pH
O pH de uma massa de água resulta da relação entre os iões H^+ e OH^-. Nas águas naturais, esta relação depende normalmente do equilíbrio do ácido carbónico (Talling, 2010). Quando

o dióxido de carbono do ar entra na água doce, formam-se pequenas quantidades de ácido carbónico que se dissociam em iões de hidrogénio e iões de bicarbonato.

As águas doces que ocorrem naturalmente têm uma gama de pH entre 6,5 e 8,5. O pH da água é importante porque afecta a solubilidade e a disponibilidade de nutrientes, e a forma como estes podem ser utilizados pelos organismos aquáticos (Walakira e Okot-okumu, 2011; Stone et al., 2013). Um estudo efectuado por Bradner (2013) concluiu que um aumento do pH da água conduz a um aumento da dessorção de contaminantes orgânicos dos sedimentos, o que por sua vez conduz a um aumento dos contaminantes orgânicos na fase aquosa. Uma exposição prolongada das espécies aquáticas a um pH mais elevado ou mais baixo pode, por vezes, ter consequências fatais. Estudos realizados por Kim et al. (2003; 2006) registaram valores de pH mais elevados durante o verão, o que foi atribuído a uma taxa fotossintética elevada devido à abundância da população de algas, que se correlaciona positivamente com um aumento do carbonato resultante da decomposição da matéria orgânica. Em contrapartida, foram registados valores baixos de pH no outono, o que pode estar relacionado com o período de viragem e com o aumento da precipitação, que conduzem ambos à redução do valor do pH (Kim et al., 2003 ;2006).

2.2.8 Turbidez e sólidos suspensos totais

A turvação é uma medida da quantidade de partículas em suspensão na água. As algas, os sedimentos em suspensão e as partículas de matéria orgânica podem turvar a água, tornando-a turva (Matta, 2014). As partículas em suspensão podem difundir a luz solar e absorver o calor. Isto pode aumentar a temperatura e reduzir a luz disponível para a fotossíntese das algas. Se a turvação for causada por sedimentos em suspensão, pode ser um indicador de erosão, natural ou provocada pelo homem. A turbidez elevada pode causar estratificação da temperatura e do oxigénio dissolvido nas massas de água (Tessema e Mohammed, 2014). Níveis elevados de sólidos suspensos totais (SST) nas águas de superfície absorvem o calor da radiação solar, o que aumenta a temperatura da água e diminui os níveis de oxigénio dissolvido (Iqbal et al., 2010).

O material que está suspenso na água permite que menos luz solar passe através da água, o que aumenta a temperatura da água porque as partículas suspensas retêm mais calor. Como a água quente contém menos oxigénio dissolvido do que a água fria, a concentração de oxigénio dissolvido diminui, o que afecta os peixes e outros organismos aquáticos que necessitam de oxigénio para sobreviver. Além disso, a redução da penetração da luz numa coluna de água reduz o crescimento e a produtividade das plantas aquáticas fotossintéticas e das algas.

2.2.9 Carência química de oxigénio

A carência química de oxigénio (CQO) é utilizada para medir indiretamente os compostos orgânicos na água (Harrafi et al, 2012). A CQO mede o consumo de oxigénio pela oxidação química de poluentes na água para os converter em dióxido de carbono e água. Indica também a quantidade de oxigénio necessária para oxidar a matéria orgânica em amostras de água em condições específicas de oxidante químico forte, como o dicromato ou o permanganato, e de temperatura. O nível de CQO nas águas superficiais não poluídas é, em média, de cerca de 20 mg/l ou menos, enquanto os valores são normalmente superiores a 200 mg/l nos efluentes. O limite máximo admissível para a CQO das águas superficiais é de 75 mg/l, de acordo com as diretrizes normalizadas da Lei Sul-Africana da Água 56 (Lei 54 de 1956).

2.2.10 Condutividade eléctrica e sólidos totais dissolvidos

A Condutividade Eléctrica (CE) é uma medida da salinidade e do grau em que a água é capaz de conduzir uma corrente eléctrica (Anhwange et al., 2012). A unidade para a CE é micro-Siemens por centímetro (μS/cm). A CE é influenciada pela concentração de sólidos dissolvidos e está assim relacionada com o total de sólidos dissolvidos (TDS) na água (Anhwange et al., 2012). O valor de TDS em mg/l aproxima-se de metade do valor da condutividade eléctrica em μS/cm (Stone et al., 2013). Um aumento da condutividade da água indica a adição de sais minerais à água (Gupta et al., 2009). Os sais e minerais dissolvidos na água contribuem para o TDS, e os componentes dissolvidos ou solutos produzem um sabor indesejável na água (Mohsin et al., 2013). Um TDS elevado na água resulta em incrustações nas condutas de água, aquecedores, caldeiras e electrodomésticos (Gupta et al., 2009).

2.2.11 Sulfatos

A lixiviação de compostos de enxofre, minerais de sulfato (SO_4) ou sulfureto (S^{2-}), contribui principalmente para os sulfatos que estão presentes nas águas superficiais como iões sulfato (Kipngetich et al., 2011). Naturalmente, são formados através de processos como a precipitação atmosférica, uma vez que o enxofre é facilmente solúvel em água na sua forma estável e/ou oxidada (Georgieva et al., 2010). As principais fontes de sulfatos incluem descargas pontuais de efluentes industriais em águas superficiais e os níveis podem exceder 1.000 mg/l (OMS, 2010).

Nas águas naturais, os níveis de SO_4 devem variar entre 2 mg/l e 80 mg/l. O projeto de Normas de Água da Namíbia classifica a água potável como sendo de boa qualidade se a concentração de SO4 for igual ou inferior a 200mg/l. As fontes de sulfatos nas águas subterrâneas incluem a dissolução de minerais, a precipitação e outras fontes antropogénicas (mineração, fertilizantes, etc.), por exemplo, o gesso é um contribuinte significativo para os elevados níveis de sulfato em muitos aquíferos do mundo (Sharma et al., 2020)

2.3 Determinantes da qualidade da água

A deterioração dos ecossistemas de água doce é globalmente atribuída ao aumento de nutrientes e a elementos climáticos como as variações do ciclo hidrológico. Os factores antropogénicos, como a alteração da utilização dos solos, a aplicação excessiva de fertilizantes, a descarga de efluentes ricos em contaminantes no ambiente, o transbordo de esgotos e o derrame acidental de produtos químicos tóxicos têm um impacto na qualidade da água (Damania, Desbureaux, Russ e Zaveri, 2019). A expansão urbana é inevitável, sobretudo nos países em desenvolvimento. De acordo com as Nações Unidas (2018), a percentagem da população mundial que vive em zonas urbanas aumentará de 55 para 68% até 2050.

À medida que as populações globais continuam a crescer no século XXI, é inevitável um aumento da utilização dos solos para as zonas urbanas e para a produção de alimentos. A intensificação da utilização das terras agrícolas e dos aglomerados urbanos é um fator significativo na redução da qualidade ambiental da água, com as alterações no sector agrícola a desempenharem um papel mais deletério (Zhang et al., 2015). Quantitativamente, um aumento de 10 por cento nas terras agrícolas conduz a uma degradação de 45 por cento na qualidade da água, enquanto um aumento semelhante na área urbana conduz a uma queda de 1,4 por cento na qualidade da água (Damania et.al., 2019). A este respeito, o planeamento espacial do desenvolvimento da terra é fundamental para proteger os recursos hídricos. A utilização de fertilizantes à base de azoto está a aumentar, no entanto, um estudo realizado por Zhang et al., (2015) demonstrou que nem todo o fertilizante aplicado é utilizado pelas culturas. O excesso de nutrientes chega então às massas de água através do fluxo superficial, do escoamento em riachos e ribeiros, do fluxo subsuperficial e do vento que os sopra para as massas de água.

As tendências relacionadas com a variação climática, como a variabilidade da precipitação, também têm um impacto na salinidade da água. Uma precipitação significativamente superior à média reduz a salinidade das águas superficiais a jusante devido a uma maior diluição. Do mesmo modo, quando a precipitação é significativamente inferior à média para uma região local, a salinidade a jusante aumenta devido à falta de diluição (Damania et al., 2019).

2.4 Impactos da utilização do solo na qualidade da água

As escorrências agrícolas, os esgotos e os efluentes industriais contaminam os recursos de água doce (Walakira et al., 2011). Por conseguinte, os efeitos das actividades humanas na qualidade da água diferem em magnitude de um local para outro. Os rios e riachos são mais vulneráveis à poluição devido ao aumento da urbanização e à poluição das fontes de água de superfície. Isto tem impactos negativos na saúde dos seres humanos, bem como dos animais (Camara, 2019). De acordo com Jiao et al., (2015), uma compreensão aprofundada da relação entre o uso do solo e a qualidade da água é útil para identificar as principais ameaças à qualidade da água. As relações são significativas para uma gestão eficaz da qualidade da água, uma vez que podem ser utilizadas para identificar áreas críticas de utilização do solo e para instituir medidas relevantes para minimizar as cargas poluentes.

Apesar dos muitos estudos que descreveram as relações gerais entre o uso do solo e a qualidade da água, essas relações ainda não são totalmente compreendidas. Por exemplo, ainda há incertezas sobre se o uso do solo urbano ou agrícola é mais importante para influenciar a qualidade da água na escala das bacias hidrográficas (TNC, 2016). Evans-White, Haggard e Scott (2013) afirmam que o desenvolvimento urbano tem frequentemente um efeito negativo e diverso na qualidade da água, em comparação com outros usos do solo. Os habitats naturais ajudam na purificação da água, na redução da erosão, bem como na prevenção do escoamento da água. Uma forma de os habitats naturais desempenharem estas funções é através da absorção de produtos químicos e do retardamento do fluxo de águas superficiais pelas plantas. Sem plantas, toda a água fluirá lavando o conteúdo químico da superfície do solo para fontes de água como riachos e lagos, reduzindo assim a qualidade da água num determinado ecossistema (Carl, Mike, Josh, Keelie e Shane, 2015). Os estudos indicam também que o aumento dos fosfatos e nitratos nos lagos se deve principalmente ao escoamento superficial das zonas agrícolas e comerciais desenvolvidas. A utilização inadequada dos solos, em particular a má gestão dos mesmos, causa problemas crónicos de qualidade das águas subterrâneas. Os problemas agudos de qualidade das águas subterrâneas são comuns e resultam de uma utilização e controlo inadequados dos solos, nomeadamente através de fontes pontuais de produtos químicos perigosos (Giri et al, 2016). Os esgotos são outra fonte importante de fósforo, especialmente nas zonas rurais, onde as fossas sépticas podem atuar como fontes pontuais de poluição (Dube, 2009).

2.5 Índice de qualidade da água

O índice de qualidade da água (IQA) transforma dados complexos sobre a qualidade da água em informações facilmente compreensíveis e utilizáveis que podem ser acedidas pelo público (Srivastava et al., 2013). O IQA exprime a qualidade global da água num determinado local e momento com base em vários parâmetros de qualidade, utilizando um único número.

Foram desenvolvidos vários índices de qualidade da água que podem ser utilizados para dar uma visão global das alterações espaciais e temporais da qualidade da água (Debels et al., 2005; Kannel et al., 2007). Um índice de qualidade da água pode dar uma indicação da saúde de uma bacia hidrográfica em vários pontos e pode ser utilizado para acompanhar e analisar as alterações ao longo do tempo. Este índice é uma ferramenta vital para informar os gestores e decisores sobre o estado geral da qualidade da água da bacia hidrográfica (Liya Fu e You-GanWang, 2012).

Foram desenvolvidos e utilizados na esfera pública vários índices de qualidade da água para avaliar a qualidade da água, incluindo o Índice de Qualidade da Água da Fundação Nacional de Saneamento dos EUA (Brown et al., 1970), o Índice de Qualidade da Água do Canadá (Conselho Canadiano de Ministros do Ambiente, 2001), o Índice de Qualidade da Água Ponderada do Conselho de Purificação do Rio Solway (RBP), o Índice de Qualidade da Água da Colúmbia Britânica (Zandbergen e Hall, 1998) e o Índice de Qualidade da Água do Oregon (Cude, 2001). O Índice de Qualidade da Água da Fundação Nacional de Saneamento dos EUA (NSFWQI) foi formulado para fornecer uma técnica normalizada para comparar a qualidade de várias amostras de qualidade da água de diferentes fontes num estudo (Şener et al., 2017).

A utilização de índices de qualidade da água não se limita apenas à comunicação de dados sobre a qualidade da água ambiente; por exemplo, os índices de qualidade da água do Conselho Canadiano de Ministros do Ambiente (CCME) podem ser utilizados na aquicultura, na classificação relativa de massas de água e em estudos de tendências. O IQA do CCME pode ser utilizado em qualquer situação em que os dados estejam a ser avaliados em relação a diretrizes ou normas correspondentes. Da mesma forma, o Índice de Qualidade da Água da Colúmbia Britânica pode ser utilizado para descrever o estado da qualidade da água numa massa de água e também mostra a adequação da água para várias utilizações, como beber, recreio e agricultura.

2.5.1 Índices de qualidade da água

2.5.1.1 Índice de Qualidade da Água do Conselho Canadiano dos Ministros do Ambiente (CCME WQI)

O modelo CCME WQI consiste em três medidas de variação dos objectivos de qualidade da água selecionados (Âmbito; Frequência; Amplitude) (CCME, 2001). Estas três medidas de variação combinam-se para produzir um valor entre 0 e 100 que representa a qualidade global da água. Os valores CCME WQI são então convertidos em classificações utilizando o esquema de categorização do índice apresentado na Tabela 2.1 abaixo.

Tabela 2.1: Esquema de categorização CCME WQI

Classificação	Valor do IQA
Excelente	95-100
Bom	80-94
Justo	65-79
Marginal	45-64
Pobres	0-44

2.5.2 Cálculo do IQA do CCME

A formulação pormenorizada do IQA, tal como descrita no Canadian Water Quality Index 1.0 - Technical Report (2001) [1], é a seguinte

Âmbito de aplicação, F_1

A medida do âmbito é F_1. Esta medida representa o grau de incumprimento da qualidade da água durante o período de interesse.

$$F_1 = \left(\frac{\text{Number of failed variables}}{\text{Total number of variables}}\right) \times 100 \quad [1] \tag{1}$$

Frequência, F_2

A medida da frequência é F2. Esta medida representa a percentagem de testes individuais que não cumprem os objectivos ("testes falhados")

$$F_2 = \left(\frac{\text{Number of failed tests}}{\text{Total number of tests}}\right) \times 100 \, [1] \tag{2}$$

Amplitude, F_3

A medida da amplitude é F_3. Esta medida representa o grau em que os testes falhados não atingem os seus objectivos. É calculada em três etapas:

<u>Passo 1 - Cálculo do desvio</u>. A excursão é o número de vezes que uma concentração individual é superior (ou inferior, quando o objetivo é mínimo) ao objetivo.

Quando o valor do ensaio não deve exceder o objetivo:

$$\text{excursão}_i = \left(\frac{\text{Failed test value i}}{\text{Objective j}}\right) - 1 \qquad [1] \tag{3}$$

Quando o valor do ensaio não deve ser inferior ao objetivo:

$$\text{excursão}_i = \left(\frac{\text{Objective j}}{\text{Failed test value i}}\right) - 1 \qquad [1] \tag{4}$$

<u>Passo 2 - Cálculo da soma normalizada das excursões.</u>

A soma normalizada das excursões, *nse*, é o montante coletivo pelo qual os testes individuais não estão em conformidade. É calculada somando os desvios dos testes individuais em relação aos seus objectivos e dividindo pelo número total de testes (tanto para os que cumprem os objectivos como para os que não cumprem)

$$nse = \frac{\sum_{i=1}^{n}\text{excursion i}}{\text{Number of tests}} \qquad [1] \tag{5}$$

<u>Etapa 3-Cálculo de F.$_3$</u>

F_3 é calculado através de uma função assintótica que escalona a soma normalizada das excursões dos objectivos para produzir um intervalo de 0 a 100.

$$F3 = \left(\frac{nse}{0.01nse + 0.01}\right) \qquad [1]$$

(6)

O **IQA** é então calculado como:

$$IQA = 100 - \left(\frac{\sqrt{F_1^2 + F_2^2 + F_3^2}}{1.732} \right) \quad [1]$$

(7)

Os valores do IQA são então convertidos em classificações, utilizando o esquema de categorização apresentado na Tabela 2.1. O processo transforma os dados brutos sobre a qualidade da água em informação, identificando os parâmetros que excedem os valores-guia, a frequência e a magnitude, em conhecimento. Este conhecimento é então utilizado para classificar a água como Excelente, Boa, Razoável ou Má para consumo. A formulação do IQA do CCME foi automatizada em vários programas de folha de cálculo e as calculadoras do IQA do CCME estão disponíveis online (CCME, 2001).

2.6 Índices ponderados de qualidade da água com parâmetros em falta

O índice de qualidade da água (IQA) é um dos mais utilizados de todos os índices de qualidade da água existentes. A fórmula padrão para o cálculo do IQA abrange nove parâmetros: oxigénio dissolvido (OD), coliformes fecais, pH, carência bioquímica de oxigénio (CBO), temperatura, fosfato total, nitratos, turvação e sólidos totais. No entanto, em alguns casos, pode ser difícil encontrar os valores de todos os parâmetros para calcular o IQA devido à falta de dados ou à falta de equipamento, competências e pessoal para recolher medições de dados de rotina e também à falta de tempo para efetuar os testes. Nestas circunstâncias, a fórmula com parâmetros em falta é utilizada para calcular o índice de qualidade da água. Srivastava e Kumar (2013) efectuaram alterações à fórmula do índice de qualidade da água e, como tal, o índice de qualidade da água de amostras com parâmetros em falta pode ser calculado.

Os resultados dos nove parâmetros acima referidos são registados e transferidos para um gráfico de curva de ponderação, onde é obtido um valor numérico. O valor numérico ou valor Q é multiplicado por um "fator de ponderação" para cada teste. O fator de ponderação é atribuído de acordo com a importância do parâmetro, por exemplo, o DO tem um fator de ponderação elevado porque é vital na determinação da qualidade da água do que os outros parâmetros de qualidade da água.

Os nove valores resultantes são depois adicionados para se obter um índice global de qualidade da água, como se mostra no Quadro 2.2 abaixo. A pontuação máxima que uma massa de água pode receber é 100.

Tabela 2.2: Intervalos de qualidade da água

Intervalos de índices	Qualidade da água
0-25	Muito mau
25-50	Mau
50-70	Médio
70-90	Bom
90-100	Excelente

2.6.1 Partes do índice de qualidade da água

Existem duas partes do índice de qualidade da água: o valor Q e o fator de ponderação. O valor-Q é a indicação da qualidade da água relativamente a 100 de um parâmetro. O valor Q é uma indicação de quão boa (ou má) é a qualidade da água relativamente a um parâmetro, em que 100 equivale a uma qualidade de água muito boa e 1 equivale a uma qualidade de água muito má, como ilustrado no Quadro 2.2.

O Fator de Ponderação define a importância relativa do parâmetro para a qualidade global da água, como se mostra no quadro 2.3 abaixo.

Quadro **2.3** Factores de ponderação dos parâmetros de qualidade da água

Parâmetros	Factores de peso
DO	0.17
Coliformes fecais	0.16
CBO	0.11
pH	0.11
Fosfato	0.10
Nitrato	0.10
Turbidez	0.08
Temperatura	0.10
Sólidos totais dissolvidos	0.07

Adotado de Srivastava et al., (2013)

2.6.2 Cálculo do índice de qualidade da água

A fórmula padrão para calcular o índice de qualidade da água é:

$$WQI = \sum WXQX$$

$$=W_{BOD}Q_{BOD} + W_{DO}Q_{DO} + W_{PH}Q_{PH} +$$
$$W_{PHOSPHATE}Q_{PHOSPHATE} + W_{NITRATE}Q_{NITRATE} + W_{FC}Q_{FC} +$$
$$W_{TDS}Q_{TDS} + W_{TEMP.}Q_{TEMP.} + W_{TURBIDITY}Q_{TURBIDITY}$$

Aqui, WX = factores de peso dos parâmetros de qualidade da água

QX = valor q- dos parâmetros de qualidade da água

X = parâmetros de qualidade da água

2.6.3 Cálculo do IQA com parâmetros em falta

Os valores q- dos parâmetros que estão disponíveis são multiplicados pelos respectivos factores de ponderação. O somatório destes valores é depois dividido pelo somatório dos factores de ponderação dos parâmetros disponíveis.

A equação pode ser dada como:

$$WQI_{MP} = \sum W\,Q_{YY} \,/ \sum W_Y$$

Aqui, Y = parâmetros disponíveis

Q_Y = q- valores dos parâmetros disponíveis

W_Y = factores de ponderação dos parâmetros disponíveis

2.7 Legislação relativa às normas de qualidade da água

A utilização da água e a sua eliminação é uma atividade incluída na lista nos termos da secção 27(2) da Lei de Gestão Ambiental (Lei 7 de 2007) e pode exigir um certificado de autorização de avaliação ambiental antes da sua implementação. A secção 21(1) da Lei da Água diz respeito à descarga de efluentes industriais e estabelece que "a purificação das águas residuais deve fazer parte integrante da utilização da água e os efluentes purificados devem cumprir as restrições gerais de qualidade normalizadas estabelecidas na Gazeta do Governo R553 de 5 de abril de 1962". A secção 21(2) estipula ainda que o efluente purificado deve ser devolvido o mais próximo possível do ponto de captação da água original. Isto implica que a qualidade da água nos rios, barragens, cursos de água e descargas para o ambiente deve ser constantemente monitorizada, a fim de garantir o cumprimento por todos os utilizadores.

2.7.1 Classificação da qualidade da água na Lei da Água de 1956

A concentração e os limites dos parâmetros de qualidade estética, física e inorgânica definem o grupo em que a água será classificada de acordo com as normas de qualidade da água (apêndices 1 e 2) estabelecidas na Lei da Água (Lei 54 de 1956). A qualidade da água potável é classificada em quatro grupos, de acordo com as normas prescritas pela Lei da Água. Estas categorias são, respetivamente, o grupo A (água de excelente qualidade), o grupo B (água de qualidade aceitável), o grupo C (água de qualidade que representa um risco reduzido para a saúde) e o grupo D (água de qualidade que representa um risco elevado para a saúde e, por conseguinte, imprópria para consumo humano). O ideal é que a água seja de excelente qualidade (Grupo A) ou de qualidade aceitável (Grupo B), no entanto, na prática, é provável que muitos dos factores determinantes não se enquadrem nos limites destes grupos. Se a água for classificada como tendo um baixo risco para a saúde (Grupo C), é necessário aplicar medidas de mitigação. A água que foi classificada como tendo um risco mais elevado para a saúde (Grupo D) requer atenção urgente e imediata.

3.0 ÁREA DE ESTUDO

3.1 Localização

Windhoek é a capital e a maior cidade da Namíbia. Está situada no centro da Namíbia, na zona do planalto de Khomas Highland, a cerca de 1.700 metros acima do nível médio das águas do mar, quase exatamente no centro geográfico do país (windhoekcc.org.na).

O rio Otjiseru é um rio efémero que corre na periferia sudoeste de Windhoek. Tendo sido represado, a maior parte do caudal superficial do rio Otjiseru provém do derrame da barragem de Goreangab. O rio passa pela parte noroeste da cidade e acaba por se juntar ao rio Swakop. Se o caudal for suficiente, a água do rio acaba por chegar à barragem de Swakoppoort através do rio Swakoppoort. A barragem de Swakoppoort é uma importante fonte de abastecimento de água para a rede da zona central (Iileka, 2017)

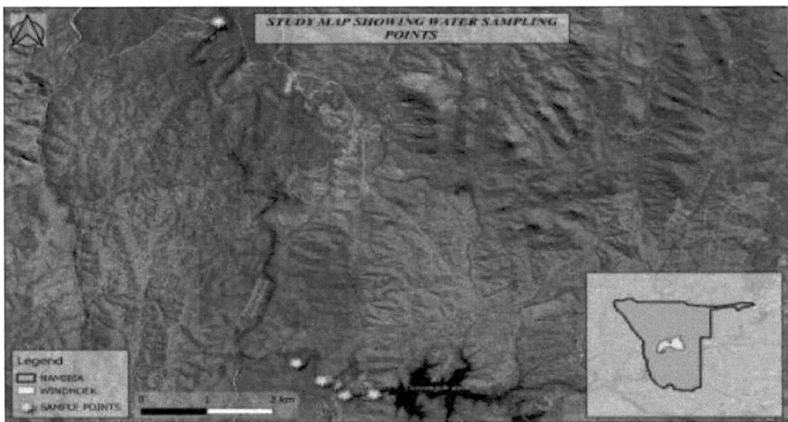

Figura 3.1: Mapa da área de estudo com os locais de amostragem. (As imagens de satélite são propriedade da Google Inc.)

3.2 População

A população de Windhoek em 2020 era de 431 000 habitantes e está a crescer continuamente devido a um afluxo de pessoas de toda a Namíbia (windhoekcc.org.na). A população atual da cidade está estimada em 480 000 pessoas em 140 900 agregados familiares (windhoekcc.org.na). Prevê-se que a população da cidade cresça para 927 000 pessoas até 2041, exercendo uma pressão cada vez maior sobre os recursos hídricos e os habitats naturais.

Até 2041, prevê-se que a necessidade de água para a Namíbia Central será de 62,75 Mm³/a, enquanto a necessidade prevista para a cidade de Windhoek será de 45,5 Mm³ /a (windhoekcc.org.na).

3.3 Clima

Windhoek tem um clima semi-árido quente (*BSh*) de acordo com a classificação climática de Köppen (1884) e a temperatura média anual é de aproximadamente 20 °C, enquanto a temperatura máxima média atinge 30 - 32 °C e a temperatura mínima média durante o mês mais frio é de 4 - 6 °C. A precipitação média anual é de aproximadamente 370 milímetros. A precipitação mais elevada ocorre entre outubro e maio, como mostra a Figura 3.2 (Atlas da Namíbia, 2002)

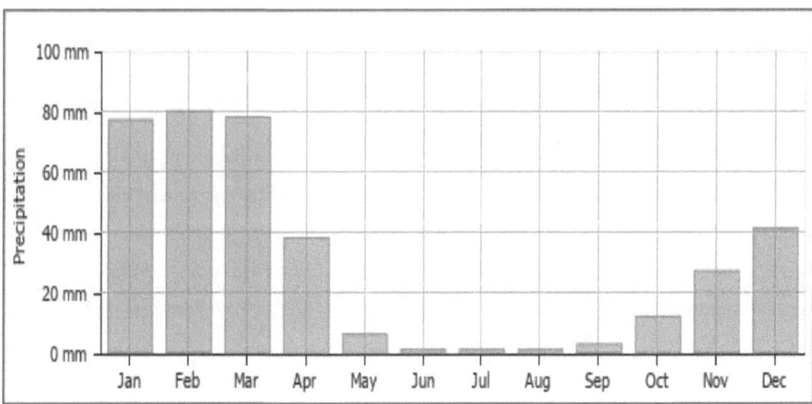

Figura 3.2: Precipitação média em Windhoek, Namíbia. Adaptado de weather and climate.com (12 de julho de 2022)

3.4 Geologia e solos

O clima árido da Namíbia resultou em solos que são maioritariamente finos e pouco desenvolvidos. Este facto pode ser atribuído às taxas relativamente lentas de meteorização (Atlas da Namíbia, 2002). A geologia variada da Namíbia abrange rochas de idade arqueana a fanerozóica, cobrindo assim mais de 2600 milhões de anos de história da Terra. Cerca de metade da superfície do país está exposta a rochas, enquanto o restante está coberto por depósitos cenozóicos dos desertos do Kalahari e do Namibe (Mendelsohn et al., 2002).

Windhoek situa-se na paisagem da Cintura Verde, onde as formações rochosas são maioritariamente compostas por xistos ricos em mica e quartzo, com muitos veios de quartzo fracturados. A zona sul de Windhoek caracteriza-se principalmente por xisto biotite com quartzito, o produto metamórfico de rochas siliciosas como o arenito. Consiste em cristais de quartzo recristalizados entrelaçados, que formam o aquífero Windhoek, que tem sido utilizado como fonte de água relativamente limpa. Estas formações rochosas estão na categoria da formação Kuiseb da Sequência Damara, com muitas alturas de cume que reflectem superfícies terrestres mais antigas de Khomas Hochland, datadas de há 700 milhões de anos (www.landscapesnamibia.org).

3.5 Situação socioeconómica

Os principais motores das actividades socioeconómicas em Windhoek incluem o agro-processamento, o comércio grossista e retalhista, a indústria transformadora, o turismo, bem como os transportes e a logística. A cidade tem uma rede rodoviária bem construída e regularmente mantida que a liga à maioria das cidades, reservas naturais, parques, pousadas de safari e destinos turísticos do país. O Produto Interno Bruto de Windhoek (PIB) ascende a 31,3% do PIB nacional. Os maiores contribuintes para o PIB de Khomas e, consequentemente, de Windhoek, são a administração pública e a defesa (11,52%), a indústria transformadora (10,58%), a educação (8,24%) e a saúde (7,37%) (windhoekcc.org.na: 2022).

Windhoek enfrenta vários desafios que não se limitam à sua forma espacial fragmentada, que continua a ser a mesma de antes da independência. A população da cidade está a crescer rapidamente, os aglomerados informais estão a expandir-se, a oferta de terrenos está atrasada em relação às necessidades, o desemprego é extremamente elevado e a sustentabilidade financeira e ambiental está sob pressão (windhoekcc.org.na, 2022). Os habitantes dos aglomerados populacionais informais situados nas proximidades do rio Otjiseru, como Goreangab e Havana, não dispõem de equipamentos sociais. Estas povoações não têm acesso a serviços de saneamento e de eliminação de resíduos do Município. Como tal, a falta destes serviços contribui diretamente para a poluição do ambiente que pode acabar no rio Otjiseru.

3.6 Fontes potenciais de poluição ao longo do rio Otjiseru

Os usos do solo na bacia hidrográfica do rio Otjiseru têm o potencial de baixar a qualidade da água na área de estudo visada se não forem implementadas práticas adequadas de gestão ambiental. O rio também recebe água de transbordo da barragem de Goreangab, principalmente durante a estação das chuvas. A barragem de Goreangab recebe o caudal do rio Arebbusch. A cidade capital de Windhoek é muito acidentada e os terrenos são íngremes, de modo que o escoamento das águas pluviais das drenagens das ruas e dos locais residenciais é descarregado na barragem de Goreangab. Além disso, as actividades industriais estão localizadas ao longo do rio Arebbusch, que descarrega na barragem de Goreangab.

A ETAR de Gammams é uma estação de tratamento de águas residuais situada perto da barragem de Goreangab, que trata todas as águas residuais domésticas da cidade. A estação liberta água semi-purificada dos tanques de maturação para o ambiente sempre que recebe águas residuais em excesso, para evitar que os tanques de oxidação transbordem. A água acaba por chegar à barragem de Goreangab, o que representa um risco potencial de poluição. A jusante do rio Otjiseru, existe a Estação de Tratamento de Águas Residuais de Otjomuise (OWTW) e povoações informais com más condições de saneamento.

4.0 Classificação do uso e ocupação do solo para 2010 e 2022

4.1 Deteção de alterações da utilização do solo

As imagens relativas aos anos de 2010 e 2022 foram descarregadas do sítio Web do Serviço Geológico dos Estados Unidos (USGS) (http://glovis.usgs.gov/) e foi efectuada uma avaliação física do local antes da classificação e da deteção das alterações da ocupação do solo. As imagens Landsat, que têm uma resolução espacial relativamente elevada (30 m), foram utilizadas para a classificação dos terrenos (Loveland e Dwyer, 2012).

As imagens foram analisadas para determinar o principal tipo de ocupação/utilização do solo durante o período selecionado. O processamento e a classificação dos dados foram efectuados com o software ArcGIS 9.2 e ILWIS. O software ILWIS foi utilizado para avaliar a exatidão da classificação das imagens

Foram utilizadas duas ferramentas de análise, "Extract" e "Overlay", para determinar a matriz de alteração da ocupação do solo e as áreas alteradas para os anos 2010 e 2022. A função clip foi utilizada para determinar a alteração de cada classe de ocupação do solo entre o ano de 2010 e o ano de 2022. As classes de informação identificadas a partir das imagens utilizadas no estudo foram a água, as povoações e os arbustos.

4.2 Seleção dos locais de amostragem

Foram selecionados sete locais de amostragem a montante e a jusante do rio Otjiseru com base na acessibilidade dos pontos de amostragem e na representatividade dos locais em relação às actividades de utilização dos solos. Os locais de amostragem foram escolhidos para refletir as diferentes actividades ao longo do rio que podem afetar e, por sua vez, ser afectadas por alterações na qualidade da água. Foram selecionados três locais de amostragem (S1, S2 e S3) na parede da barragem de Goreangab, que transborda para o rio Otjiseru. S1 estava localizado adjacente ao vertedouro da barragem. S2 situava-se a 500 metros do vertedouro da barragem. S3 situava-se a cerca de 800 metros do descarregador da barragem. O quarto local de amostragem (S4) foi selecionado antes da estação de tratamento de águas residuais de Otjomuise para examinar a qualidade da água que entra no rio antes da entrada da estação de tratamento. O quinto local de amostragem (S5) foi localizado 50 metros após o ponto de descarga da estação de tratamento de águas residuais de Otjomuise, a fim de investigar a qualidade das águas residuais que são descarregadas no rio Otjiseru pela estação de tratamento.

O sexto ponto de amostragem (S6) foi selecionado a três quilómetros a jusante do ponto de descarga da estação de tratamento de águas residuais de Otjomuise, para determinar a alteração da qualidade da água devido à atenuação. O sétimo ponto de amostragem (S7) foi um furo a jusante da estação de tratamento de águas residuais de Otjomuise, em Ongos Farm (Quadro 4.1), para determinar a qualidade das águas subterrâneas mais a jusante do rio. Os pontos de amostragem representam as entradas provenientes das estações de tratamento de água, os derrames da barragem de Goreangab e o possível escoamento do solo. Os pontos de amostragem foram georreferenciados com precisão com um GPS Garmin portátil.

Tabela 4.1: Coordenadas dos pontos de amostragem 1

Número da estação	Latitude (Sul)	Longitude (Leste)	Descrição
S1	-22.529177	17.006648	Descarga da barragem de Gorengab superior a 1
S2	-22.529303	17.002389	Descarga da barragem de Gorengab superior a 2
S3	-22.527261	17.00102	Derrame da barragem de Gorengab superior a 3
S4	-22.526505	16.999855	Canal próximo da estação de tratamento de águas residuais de Otjomuise
S5	-22.526478	16.999096	50 metros da estação de tratamento de águas residuais de Otjomuise
S6	-22.522988	16.995329	3 km depois de Otjomuise
S7	-22.455772	16.984055	Furo de Ongos

4.3 Seleção dos parâmetros de qualidade da água

Os parâmetros de análise da qualidade da água são selecionados de acordo com os objectivos do estudo. Os parâmetros de qualidade da água foram selecionados com base nas actividades de utilização do solo que caracterizam a área de estudo em relação aos possíveis parâmetros presentes no escoamento de águas pluviais, efluentes industriais e de esgotos.

A seleção dos parâmetros foi orientada pelo seu carácter indicativo, pela sua ocorrência e pelo seu carácter perigoso. Um estudo documental das actividades na área de captação, que são principalmente assentamentos urbanos, indústrias e assentamentos informais, informou a seleção de onze parâmetros para determinar a relação entre as mudanças de uso do solo e a qualidade da água no rio Otjiseru. Os parâmetros analisados incluem: químicos (BOD, COD, DO, TN, TP e sulfatos), físicos (temperatura, condutividade eléctrica, pH e TDS) e biológicos (clorofila a). Os parâmetros foram comparados com as Normas de Água da Namíbia e com as diretrizes legais promulgadas na Lei da Água de 1956.

Quadro 4.2: Parâmetros, métodos, unidades e **normas** selecionados

Parâmetro	Método/instrumento de análise	Unidades	Lei da Água de 1956 (Diretrizes)	Norma da Água da Namíbia (projeto)
pH	Multiparâmetro HACH (elétrodo de pH).	Unidade de pH	5,5% - 9,5%	6,5% - 9,5%
Oxigénio dissolvido	Método AWWA 4500-O G; elétrodo WTW como instrumento	mg/l	Uma saturação de pelo menos 75%	4 mg/l no verão 6 mg/l no inverno
Carência química de oxigénio	Método AWWA 4500-O G; elétrodo WTW como instrumento	mg/l	75 mg/l	<45 mg/l
Carência biológica de oxigénio	WTW Método manométrico	mg/l	Nenhum valor indicado	<10 mg/l
Sólidos totais dissolvidos	Elétrodo de condutividade multiparâmetro da HACH.	mg/l	Não mais de 500mg/l do que o TDS' da água de entrada	<500 mg/litro acima da qualidade da água potável de entrada
Temperatura	HACH multiparâmetro	^{0}C	35^0 C	0-30 C^0
Nitratos	Cromatografia iónica - ISO 1034-2:1995	mg/l	<10	0 - 6 mg/l
Sulfatos	Cromatografia iónica - ISO 1034-2:1995	mg/l	200	0 - 200 mg/l
Fosfatos	Cromatografia iónica - ISO 1034-2:1995	mg/l	100	100 mg/l
Clorofila a	Espectrofotometria	mg/l	0 -1	0 -1 mg/l
Condutividade	Elétrodo de condutividade multiparâmetro HACH.	µS/cm	150	150

4.4 Tempo e frequência da amostragem

As amostras de água foram recolhidas bimestralmente durante um período de cinco meses (março de 2022 a agosto de 2022) para garantir a representatividade das amostras. Foram recolhidas dez réplicas de amostras em cada local de amostragem e foram testados onze parâmetros em cada amostra. A hora da amostragem foi registada e as amostras das respectivas estações foram recolhidas aproximadamente às mesmas horas do dia durante todas as operações de amostragem. As amostras foram recolhidas tanto na estação húmida como na estação seca para garantir que os dados fossem representativos da gama de condições ambientais possíveis e das variações sazonais.

4.5 Recolha de dados

As amostras de água foram recolhidas a uma profundidade de trinta centímetros da superfície da água, utilizando recipientes de plástico de dois litros, lavados com ácido, para análise química. Os recipientes foram lavados três vezes antes de serem enchidos com água. As amostras para a análise da clorofila a foram recolhidas em garrafas de vidro opacas (100 ml). Foi tomado um cuidado especial para evitar a luz solar direta e o calor, colocando as amostras numa caixa isotérmica imediatamente após a amostragem. As garrafas de amostragem foram rotuladas logo após a amostragem com o número da estação, a data de recolha da amostra e a hora. As amostras para análise química foram imediatamente preservadas em caixas isotérmicas e transportadas para o laboratório da cidade de Windhoek para análise de nitratos e fosfatos, bem como para o laboratório da NamWater para análise da carência biológica de oxigénio, oxigénio dissolvido, carência química de oxigénio, sulfatos e clorofila-a. A temperatura foi medida no local com uma sonda HACH. Os valores de pH, turvação, condutividade eléctrica, oxigénio dissolvido e sólidos totais dissolvidos foram medidos no campo com uma sonda multiparamétrica HACH.

4.6 Análises laboratoriais

Os fosfatos, nitratos e sulfatos foram analisados no laboratório da cidade de Windhoek, conforme descrito por Bridgewater (2012). A cromatografia iónica - ISO 1034-2:1995 e a deteção espectrométrica do laboratório da cidade de Windhoek foram utilizadas para determinar as suas concentrações.

A CBO, o OD e a CQO foram analisados utilizando a American Public Health Health Association ou a American Water Works Association (APHA/AWWA), (Bridgewater, 2012). A análise da CBO seguiu o método 5210 D, enquanto a análise da CQO seguiu o método AWWA 4500 G. O teste mede o oxigénio necessário para a degradação bioquímica de materiais orgânicos e o oxigénio utilizado para oxidar materiais inorgânicos. Uma amostra é colocada numa garrafa hermética e incubada a 20^0 C durante 5 dias. A CBO é calculada a partir da diferença entre a DO inicial e a DO final (Bridgewater, 2012).

A clorofila-a foi determinada utilizando o método DP Sartory. As amostras foram colocadas em cuvetes de 1 cm e a absorvância foi medida a 750 nm, 664 nm, 647 nm e 630 nm utilizando um espetrofotómetro. A leitura da absorvância a 750 nm foi subtraída das leituras a 664 nm, 647 nm e 630 nm para correção da turvação.

O teor de clorofila-a foi estimado utilizando a equação apresentada abaixo (Gogoba et al., 2013):

Ca =11,85(A664) - 1,54(A647)-0,08(A630)

Ca = concentração de clorofila a em µg/ml (McGahey, 1999)

Em que A é a absorvância.

4.7 Dados secundários

Os dados secundários relativos à monitorização da qualidade da água de 2010 a 2022 foram obtidos junto da cidade de Windhoek. Os dados forneceram uma visão sobre os níveis de conformidade das estações de tratamento de águas residuais com as normas do Governo da Namíbia e/ou limites de descarga de efluentes. O investigador comparou as tendências da qualidade da água durante este período com os resultados actuais e extrapolou a relação entre as alterações da utilização dos solos durante o mesmo período e a qualidade da água. Os dados secundários foram obtidos na barragem de Goreangab, na Windhoek Goreangab Operating Company (WINGOC), nas estações de tratamento de águas residuais de Gammams e Otjomuise.

4.8 Análise de dados

4.8.1 Análise estatística

A análise estatística dos dados foi efectuada utilizando o SPSS versão 28. Foi efectuada uma análise estatística descritiva para todos os parâmetros de qualidade da água selecionados na área de amostragem. As médias e os desvios-padrão (com um intervalo de confiança de 95%) foram utilizados para estabelecer a variação dos parâmetros em cada um dos locais de amostragem. Além disso, foi efectuado um teste de Análise de Variância (ANOVA) unidirecional para determinar se existia uma variação significativa nos parâmetros entre os anos de 2010 e 2022.

4.8.2 Técnica de análise estatística multivariada

A análise multivariada de dados (Kutlu et al., 2016) foi utilizada para analisar os dados obtidos a partir de múltiplas observações. A variância dos dados foi determinada utilizando a análise de componentes principais (PCA) (Mutlu et al., 2016). A semelhança e a dissemelhança existentes entre os vários parâmetros de qualidade da água dos diferentes locais de amostragem foram deduzidas. Além disso, a PCA foi utilizada para reduzir a dimensionalidade dos dados e para identificar os principais parâmetros que contribuem para a poluição.

A análise de componentes principais (PCA) foi também utilizada para identificar os factores de poluição que influenciam a qualidade da água. Os valores próprios foram utilizados para a seleção dos componentes principais. Os valores próprios superiores a 1 foram selecionados como componentes principais que contribuem para a poluição como recomendado por Jolliffe et al., (2016). Parâmetros com valores positivos mais elevados contribuem mais para a poluição e parâmetros com valores negativos têm um efeito oposto/oposição.

4.8.3 Análise de clusters

A análise de clusters (CA) foi utilizada para identificar agrupamentos naturais de amostras, de modo a que as amostras mais semelhantes ocorram dentro de um grupo. O resultado dos agrupamentos de objectos revela uma elevada homogeneidade interna e uma elevada heterogeneidade externa (Duan et al., 2016). Cada agrupamento descreve a classe a que pertencem os seus membros, o que informou o estudo sobre as diferenças e semelhanças da qualidade da água nos locais de amostragem selecionados (Salah et al., 2012).

4.9 Questões éticas

O consentimento para aceder aos dados foi solicitado ao Município da Cidade de Windhoek através de uma carta de pedido de autorização por escrito. A participação dos inquiridos no estudo foi voluntária, uma vez que foram devidamente informados do objetivo da investigação e dos componentes da mesma, antes de concordarem ou recusarem participar no estudo. Neste sentido, os resultados da investigação foram utilizados apenas para fins de estudo. As fontes de dados secundários são reconhecidas aos seus respectivos autores e foi evitado o plágio.

4.10 Limitações do estudo

O rio Otjiseru é um rio efémero, pelo que a amostragem durante o caudal elevado pode ser feita eficazmente em poucos meses durante a estação das chuvas. Como tal, os resultados da investigação podem apenas dar uma avaliação parcial da qualidade da água do rio, embora os derrames da barragem de Gorengab e os fluxos de efluentes das estações de tratamento de águas residuais sejam perenes. A este respeito, o estudo baseou-se em observações e dados secundários que foram recolhidos pelo Município da Cidade de Windhoek para tirar conclusões dos resultados. Os resultados da investigação podem ser influenciados por outros factores que estão fora do controlo, por exemplo, a concentração química na própria massa de água pode flutuar (Zhang et al., 2014). Para resolver tais ocorrências, o investigador recolheu amostras replicadas em momentos semelhantes por local, para reduzir os erros.

5 RESULTADOS E DISCUSSÃO

5.1 Classificação do uso do solo

Os usos do solo e as alterações da ocupação do solo (LULC) na bacia hidrográfica superior do rio Arrebush, na barragem de Goreangab e numa grande parte do rio Otjiseru foram classificados para os anos 2010 e 2022. As principais utilizações do solo foram classificadas e a utilização dominante do solo no ano de 2022 foi a área construída (64,1%), seguida dos arbustos (18%) e das massas de água que cobrem 17,88% da área total. A área edificada foi o uso do solo mais dominante tanto em 2010 como em 2022. A comparação das imagens classificadas de 2010 e 2022 (Figura 5.1) mostrou que a área edificada aumentou a uma taxa média de crescimento anual de 30,79%, passando de 49,01% em 2010 para 64,1% em 2022, como mostra a Tabela 5.1. O contrário foi observado para os arbustos, que registaram um decréscimo de 45,11%. Em 2010, os arbustos cobriam 32,83% da área classificada, mas diminuíram para 18,02% do tipo de uso do solo em 2022. Este facto pode ser atribuído à extensa limpeza de terras devido à expansão de povoações/áreas de construção. A utilização do solo menos perturbada foi a das massas de água, que registou uma diminuição de 1,53%, passando de 18,16% em 2010 para 17,88% em 2022. A Figura 5 (a & b) mostra as imagens classificadas da área de estudo. A Tabela 5.1 e a Figura 5.1 mostram a área das classes de ocupação do solo classificadas para os anos 2010 e 2022.

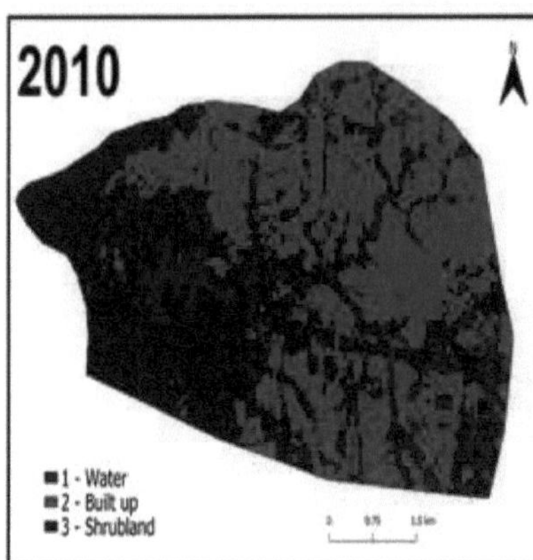

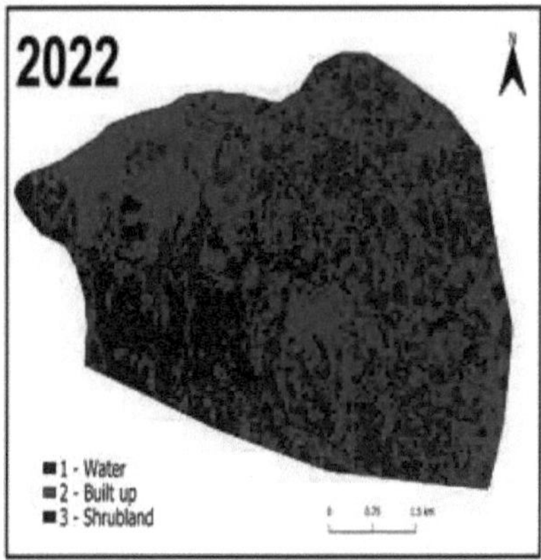

Figura 5(a & b): Imagem classificada mostrando o uso do solo na bacia hidrográfica do rio Otjiseru

Tabela 5.1: Alterações da cobertura do solo em área (m^2) e percentagem entre 2010 e 2022

Utilização do solo	2010 Área em metros quadrados	Percentagem %	2022 Área em metros quadrados	Percentagem %	Percentagem Alterar
Água	5413500	18.16	5330700	17.88	-1.53%
Construído	14611500	49.01	19109700	64.10	30.79%
Arbustos	9787500	32.83	5372100	18.02	-45.11%

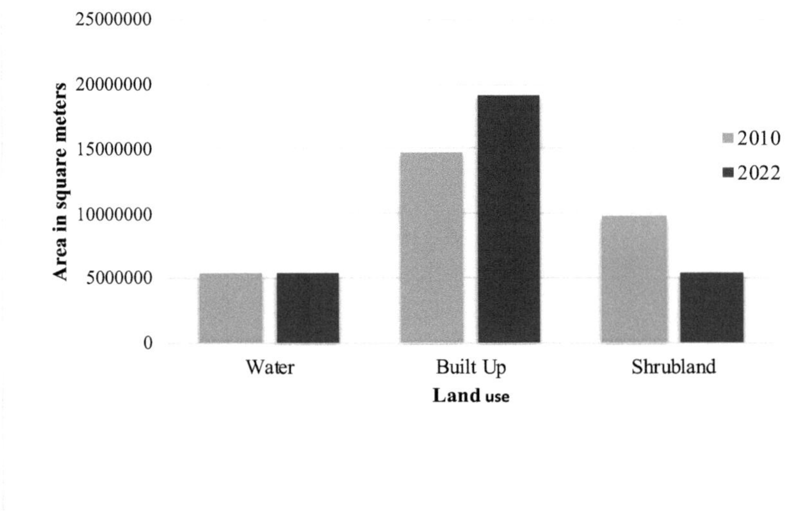

Figura 5.1: Classificação do uso do solo para 2010 e 2022

5.2 Alteração e avaliação da ocupação do solo

Para determinar as alterações da ocupação do solo, foram sobrepostos dois mapas classificados para os anos 2010 e 2022. O mapa resultante mostrou que alguns terrenos com arbustos tinham mudado para zonas de povoamento.

As alterações detectadas foram principalmente mais próximas da barragem de Goreangab e das áreas recreativas perto da barragem. Este facto pode ser atribuído ao desenvolvimento imobiliário à beira-mar e à invasão de povoações informais, especialmente nas zonas subdesenvolvidas.

Um estudo semelhante foi efectuado por Xiao, et al. (2016), que analisou a relação entre o padrão paisagístico e a qualidade da água no lago Taihu, na China. Os resultados indicaram que o aumento do número de terrenos construídos aumenta consequentemente a CQO e a CBO no lago. Um estudo de Mosinganepe (2016) revelou que o aumento das povoações nas bacias hidrográficas se deve principalmente à urbanização.

Outro estudo foi realizado por Kibena et al. (2014) no rio Manyame superior no Zimbabué e os resultados revelaram que as povoações tinham uma forte correlação positiva com o TSS. Os poluentes identificados no estudo foram atribuídos a descargas diretas de efluentes no rio e a poluentes difusos provenientes de actividades de captação.

5.3 Qualidade da água do rio Otjiseru

Foi efectuada uma análise de componentes principais (PCA) para reduzir a dimensionalidade dos dados, bem como para identificar os parâmetros-chave mais importantes na avaliação da variação da qualidade da água do rio Otjiseru. Oito dos onze parâmetros foram identificados utilizando a PCA (Condutividade Eléctrica (EC), TDS, DO (%), Sulfatos, Nitratos, Fosfatos, Temperatura e pH). Os resultados do estudo PCA identificaram a temperatura como um componente crítico com um valor médio de $20,04^{0}$ C. A temperatura é um parâmetro vital, uma vez que exerce uma grande influência sobre a atividade biológica e as reacções químicas nas massas de água, influenciando assim a ocorrência de outros parâmetros como o DO e a CE. (Lehmann, 2010) A condutividade eléctrica é um indicador vital do declínio da saúde da massa de água, de modo que um aumento significativo da CE pode indicar que pode haver alguma fonte de poluição (TNC, 2016). O estudo PCA também identificou o pH, que é um indicador da mudança química da água. O valor médio do pH foi de 7,51. O OD teve um valor médio de 8,8. A ocorrência de DO em baixas concentrações é um indicador de eutrofização (Carl et al., 2015). Os resultados da PCA revelaram que os nitratos eram um importante indicador da qualidade da água. Os nitratos tinham um valor médio de 3,8mg/l. A ocorrência de nitratos em excesso influencia largamente o rápido aumento do crescimento das plantas, causando a proliferação de algas e a eutrofização. A ocorrência de fosfatos em excesso tem um efeito semelhante ao dos nitratos na qualidade da água e a concentração média de fosfatos foi de 2,14 mg/l. A PCA também identificou o TDS como um componente que causou uma variação significativa na qualidade da água do rio Otjiseru. É um indicador vital de sais inorgânicos e contaminantes orgânicos em solução de água.

A Tabela 5.2 abaixo mostra as estatísticas descritivas dos parâmetros de qualidade da água no rio Otjiseru

Quadro 5.2: Estatísticas descritivas dos parâmetros médios de qualidade da água em sete pontos de amostragem

Parâmetro	Unidades	Gama	Mínimo	Máximo	Média	Desvio Std. Desvio
Temp	^{0}C	6.7	18.6	25.3	20.048	2.3867
pH	pH	0.5	7.2	7.7	7.514	0.1773
CBO	Mg/l	0.7	2.3	3.0	2.617	0.2646
CE	μs/cm	4917	771	5688	1544.55	1828.667
CQO	Mg/l	103	27	130	68.48	38.619
DO	Mg/l	16.1	4.2	20.3	8.810	5.4976
SO_4	Mg/l	65.5	78.3	143.8	115.262	25.3684
$NÃO_3$	Mg/l	16.3	0.4	16.6	3.841	6.2615
P	Mg/l	3.6	0.3	4.0	2.138	1.2852
TDS	Ppm	2021	420	2441	748.24	747.753

5.3.1 Condutividade eléctrica

A condutividade eléctrica variou entre 771μS/cm e 5568μS/cm. Não houve variação significativa na concentração da CE para as águas superficiais durante os meses de março a abril. Isto pode ser atribuído ao facto de as amostras de água terem sido recolhidas durante a mesma estação. Durante este período, S1, S2 e S3, que tinham um caudal contínuo da barragem de Goreangab, apresentaram valores de CE mais baixos do que S4, S5 e S6. Os valores mais baixos de CE no transbordo da barragem podem ser explicados pelo caudal de água da barragem que pode ter sido diluído pela precipitação. Fondrest (2014) refere que a precipitação intensa pode diminuir a condutividade de uma massa de água, uma vez que dilui a concentração de salinidade atual. Foram observados valores mais elevados de CE em S4, S5 e S6 durante o período de março a abril, o que pode ser atribuído ao escoamento superficial contendo sólidos dissolvidos ou efluentes contendo nutrientes. Anim et al., (2021) relataram que os valores de CE mais elevados na estação húmida se devem ao escoamento superficial em comparação com a estação seca numa avaliação da qualidade da água do rio Densu. O estudo revelou que os atributos da barragem de Goreangab diferiam da água de superfície do rio Otjiseru.   Foi observado um aumento da CE em julho e agosto em S4 e S6 e manteve-se constante em S5. Os valores mais altos de CE podem ser atribuídos ao aumento da temperatura da água durante a estação seca.   A Figura 5.2 mostra as tendências de CE durante o período de março a agosto de 2022.

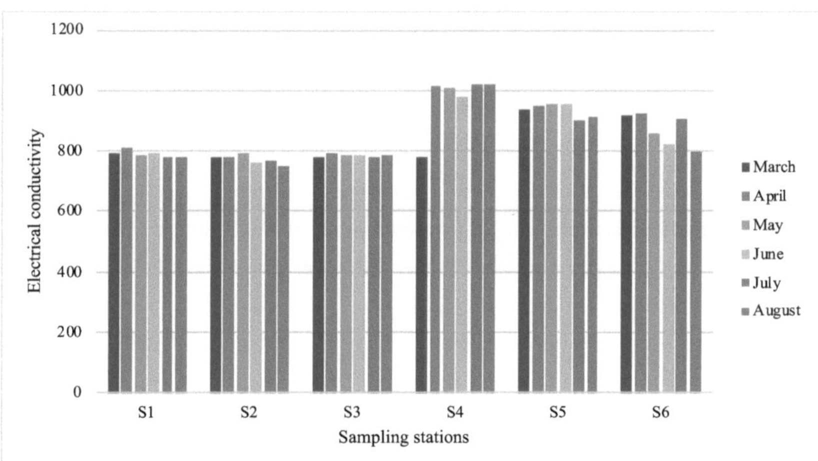

Figura 5.2: Condutividade eléctrica no rio Otjiseru

O valor médio observado para a CE no furo de Ongos (S7) foi de 1544.55 ± 1828.66µS/cm e excedeu o limite de 150µS/cm estabelecido pela Norma da Água da Namíbia, e a diretriz de 400µS/cm estabelecida pela Lei da Água de 1956. Este facto pode ser atribuído à dissolução de minerais na rocha-mãe que forma o aquífero de Ongos. Foram registados níveis elevados de CE no período de março a junho, indicando que a água da chuva recebida em dezembroabril se infiltrava e dissolvia sais antes de atingir o solo, durante o período de amostragem. A CE baixou depois em julho e agosto devido à estação seca.

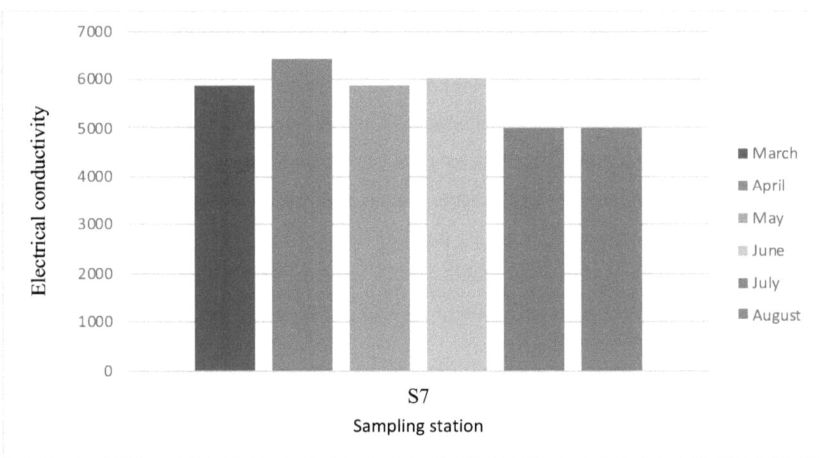

Figura 5.3: Condutividade eléctrica no furo de Ongos

5.3.2 Nitratos

O valor médio dos níveis de nitrato foi de 3,8 ± 6,3mg/l, variando entre 0,2mg/l e 24,5mg/l durante o período de amostragem. Na parede da barragem de Goreangab, nos pontos de descarga (S1) até (S2), as concentrações foram inferiores a 0,5 mg/l, indicando uma possível redução da concentração devido ao fator de diluição da água da chuva. O ponto S3, que é o terceiro ponto a partir da barragem de Goreangab, apresentava níveis elevados de nitratos, que variavam entre 5 mg/l e 12 mg/l. Os níveis mais elevados de nitratos, 24,5mg/l e 23mg/l, foram registados 3 km a jusante da estação de tratamento de águas residuais de Otjomuise (OWTP) em S6 durante os meses de agosto e maio, respetivamente. Durante esses dois meses, os níveis de nitrato em S6 excederam os limites aceitáveis para água potável de 10mg/l (Lei da Água de 1956). A concentração do efluente da ETA em S5 era igual ao limite de deteção padrão de 0,5 mg/l. A elevação dos nitratos em S3, S4 e S6 pode ser atribuída ao escoamento de áreas circundantes contendo fezes, uma vez que a defecação a céu aberto é praticada nos assentamentos ilegais situados ao longo do rio. PAK-EPA, (2005) relata que as águas subterrâneas e superficiais têm normalmente baixas concentrações de nitratos, embora os seus valores possam aumentar devido à lixiviação de terras agrícolas e ao escoamento superficial.

Os habitantes da zona criam gado de pequeno porte, cujos resíduos podem potencialmente contribuir como outra fonte de nitratos. Foram igualmente observadas pequenas parcelas de jardinagem nas margens do rio, o que poderia constituir uma outra fonte antropogénica de nitratos, devido à utilização de fertilizantes e de estrume animal. Foram igualmente observadas actividades de construção e uma má gestão dos resíduos, o que pode também contribuir para o aumento das concentrações de nitratos.

Os resultados colaboram com Kgabi et al. (2014), que inferiram que as fontes primárias de nitratos orgânicos no rio Gammams em Windhoek West foram atribuídas a resíduos provenientes de empreiteiros de construção civil situados perto do rio. A análise da variação dos nitratos entre os dados de 2010 e 2022 não revelou uma variação significativa (p = 0,108). A Figura 5.4 (a-c) mostra o nível de azoto para os pontos de amostragem S1- S6 de janeiro a agosto de 2022.

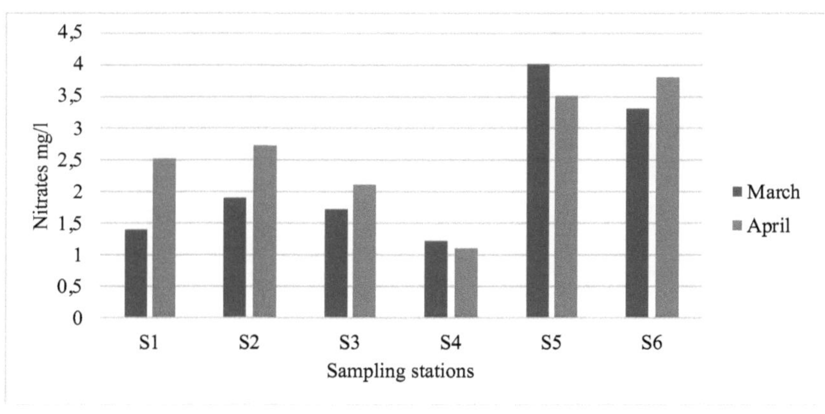

(a)

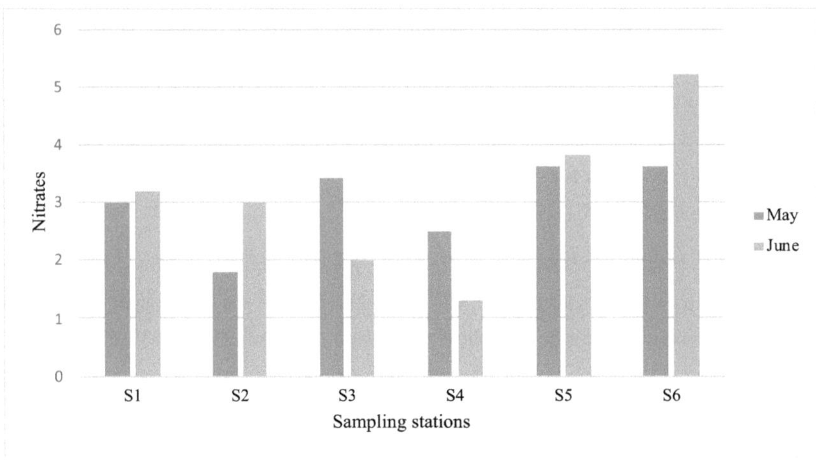

(b)

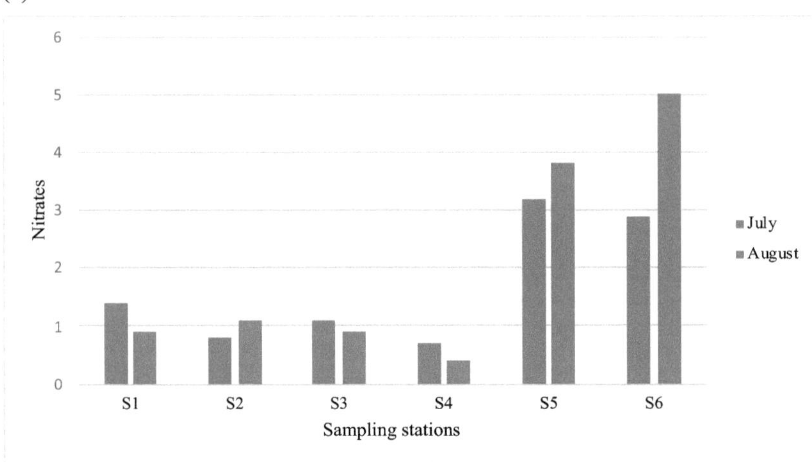

(c)

Figura 5.4: Níveis de nitratos no rio Otjiseru durante (a) março/abril, (b) maio/junho e (c) julho/agosto.

No furo de Ongos, a concentração de nitrato foi de 0,5 mg/l, o que é semelhante a as leituras em S5. Os investigadores observaram que o aumento da concentração de nitratos nas águas subterrâneas pode servir como indicador da existência de outros poluentes derivados das actividades humanas (Elisante et al., 2017). Os resultados neste caso mostraram que os níveis de nitrato estavam dentro dos limites permitidos nas águas subterrâneas em S7.

5.3.3 Fosfatos

Os fosfatos no rio Otjiseru tinham um valor médio de 2,138 ± 1,3 mg/l. A gama de fosfato (0,3 a 4mg/l) excedeu os padrões de efluentes e água estipulados na Lei da Água de 1956, 0,1 mg/l, para a proteção da vida aquática (Lehman, 2010). A análise de variância para fosfatos entre os dados de 2010 e 2022 não mostrou variação significativa (p=0,43). Na S6, o nível de fosfato atingiu 5mg/l durante os meses de junho e agosto. Os residentes na estação de amostragem utilizaram fertilizantes à base de fosfato nos projectos de jardinagem de pequena escala perto do rio, o que pode ter contribuído para o aumento dos fosfatos. As possíveis fontes de fosfatos no rio Otjiseru podem ser a atividade humana numa bacia hidrográfica, a decomposição da matéria orgânica, o escoamento superficial, as actividades agrícolas, os sistemas sépticos mal mantidos e a erosão dos solos (El-Serehy, 2018).

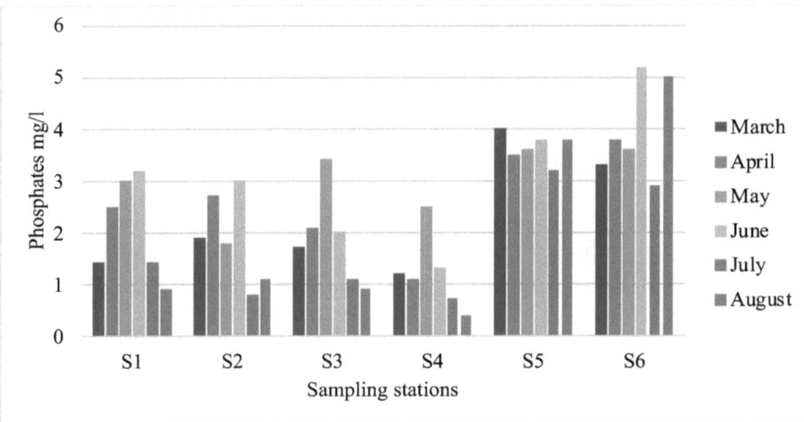

Figura 5.6: Fosfatos no rio Otjiseru

No furo de Ongos, as concentrações de fósforo dissolvido variaram entre 0,1 e 0,7 mg/L com uma concentração média de 0,33 mg/L. A concentração de amostras de fosfatos mostrou um aumento constante de março a abril (0,3-0,4mg/l) e caiu para (0,2mg/l -0,1mg/l) de maio a junho, respetivamente. Registou-se um pico em julho (0,7mg/l) que pode ser atribuído às chuvas tardias que influenciam a percolação durante o período de amostragem. Foram observadas concentrações mais elevadas de fosfatos durante a estação húmida em comparação com a estação seca. Dubrovsky et al. (2010) observaram que as fontes geológicas naturais podem ter uma maior influência nas concentrações de fosfatos nas águas subterrâneas do que as fontes antropogénicas num caso em que as concentrações de águas subterrâneas não mostraram qualquer correlação com a utilização de fertilizantes e estrume em áreas agrícolas. A fonte provável de fosfatos no furo de Ongos é uma fonte natural no solo ou nos sedimentos do aquífero.

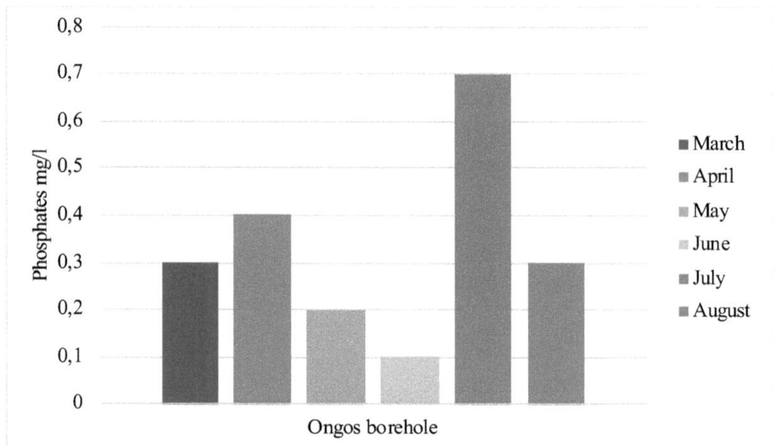

Figura 5.7: Fosfatos no furo de sondagem de Ongos

5.3.4 Sulfatos

Os níveis de sulfatos tinham um valor médio de $115,262 \pm 25,3$mg/l. Os níveis de sulfatos aumentaram gradualmente durante a transição da estação húmida para a estação seca, com exceção dos furos S3 e S4 onde os valores permaneceram constantes. As concentrações mais elevadas de sulfato, de 143mg/l, foram registadas durante o mês de agosto no S7, o furo de Ongos, como mostra a Figura 5.8 abaixo. Os níveis de sulfato estavam dentro dos limites das diretrizes para água potável da Lei da Água de 1956 de 200mg/l.

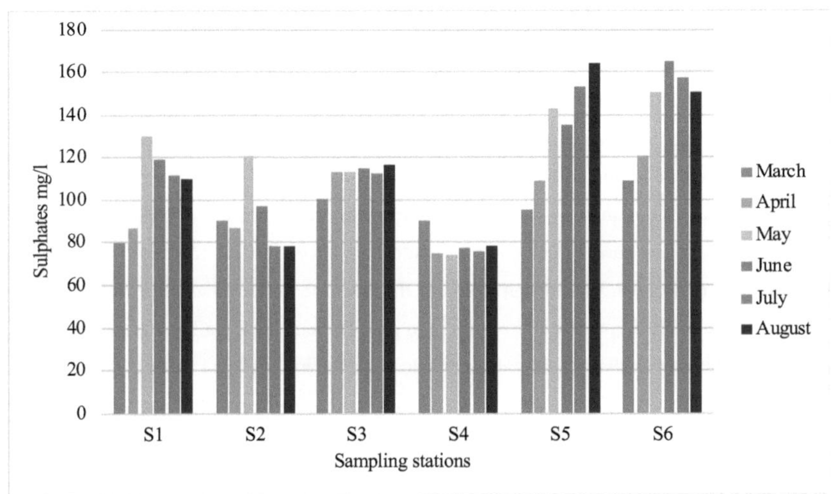

Figura 5.7: Sulfatos no rio Otjiseru

Os elevados níveis de sulfato em Ongos podem ser atribuídos à dissolução de minerais, à infiltração de águas pluviais/precipitação e a fontes antropogénicas, tais como fertilizantes à base de gesso, tal como referido por Sharma et al, (2020).

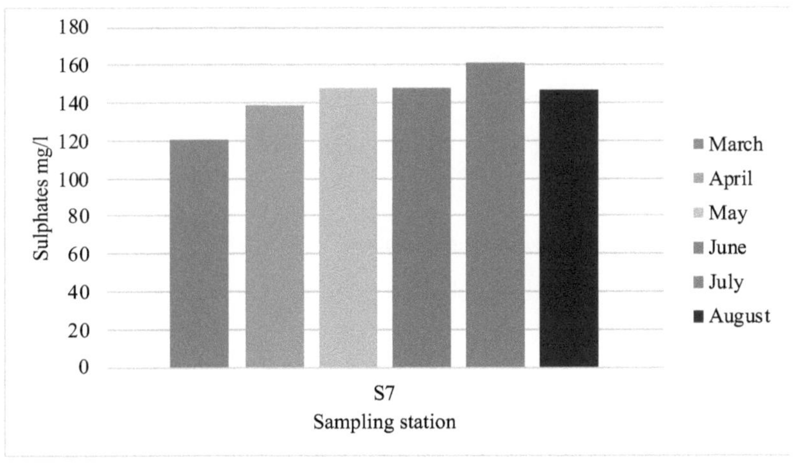

Figura 5.8: Sulfatos no furo de sondagem de Ongos

5.3.5 Oxigénio dissolvido

O valor médio do OD foi de 8,810 ± 5,5 mg/l a uma temperatura média de 20^0 C. Os valores mais baixos de DO foram registados durante o mês de agosto em todos os pontos de amostragem. A gama média baixa (valores inferiores a 25 mg/l) pode ser atribuída ao aumento da temperatura, que variou entre $19,5^0$ C e $25,7^0$ C. Um estudo de Anim et al. (2021) revelou que os níveis de DO eram mais variáveis na estação húmida do que durante a estação seca. A análise de variância para o DO entre os dados de 2010 e 2022 não mostrou variação significativa (p = 0,134). As concentrações de OD podem ser influenciadas por factores como a temperatura da água, a taxa de fotossíntese, o grau de penetração da luz e a quantidade de oxigénio utilizada pela respiração e decomposição da matéria orgânica (Carl et al., 2015). A Figura 5.9 mostra as concentrações de DO no rio Otjiseru. As concentrações de DO no furo de Ongos são ilustradas na Figura 5.10 abaixo:

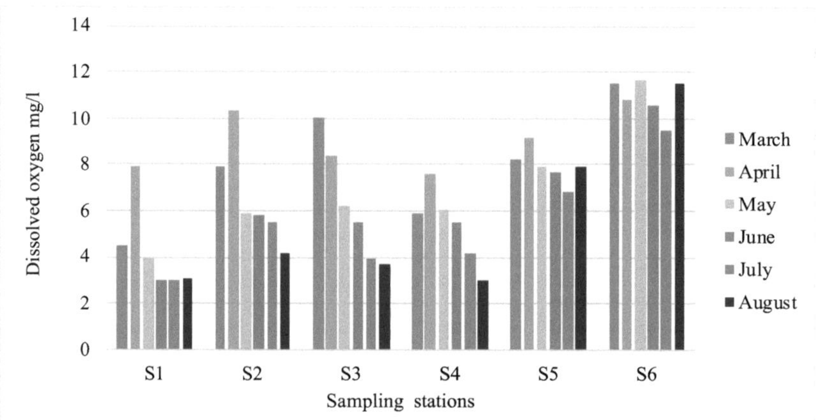

Figura 5.9: Oxigénio dissolvido no rio Otjiseru.

O nível mais elevado de DO foi registado no furo de Ongos com 25mg/l. Isto pode ser atribuído às temperaturas mais frias da água do furo, que contém concentrações mais elevadas de oxigénio (Mosimanegape, 2016). A água de um furo está protegida da luz solar direta, bem como da transferência de calor da superfície (da superfície do solo) por condução, devido à profundidade a que se encontra. A figura 5.10 abaixo mostra o oxigénio dissolvido no furo de Ongos.

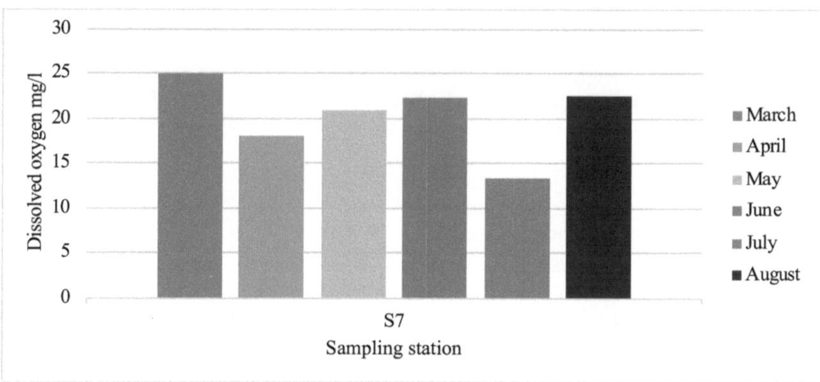

Figura 5.10: Oxigénio dissolvido no furo de Ongos

5.3.6 Carência biológica de oxigénio

O valor médio de CBO foi de 2,617± 0,3 mg/l. Os níveis de CBO variaram de 2,3 a 3 mg/l, o que significa que estavam dentro dos padrões de orientação da Namíbia de <10mg/l. A análise de variância para a CBO entre os dados de 2010 e 2022 não mostrou uma variação significativa (p=0,15).

Os níveis mais elevados de CBO foram registados durante o mês de abril em todas as estações de amostragem. Este facto pode ser atribuído à acumulação de detritos provenientes do escoamento superficial. A CBO pode ter aumentado ligeiramente devido à presença de nitratos e fosfatos durante o período de amostragem (Tessema e Mohammed, 2014).

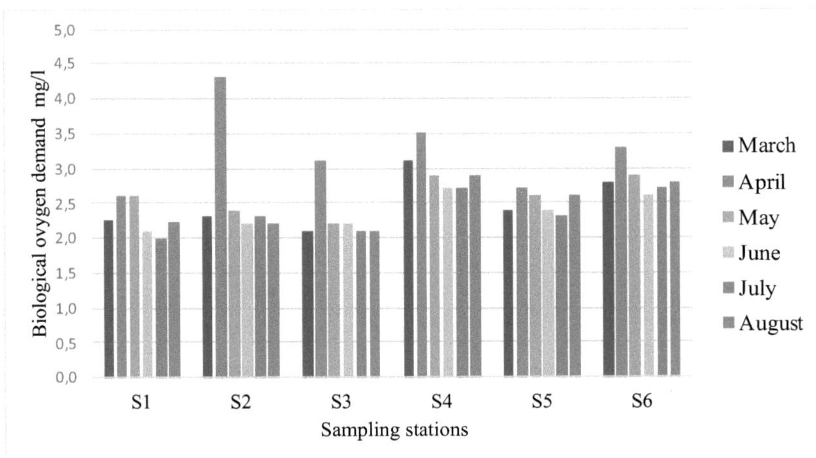

Figura 5.11: Carência biológica de oxigénio no rio Otjiseru

O BOD no furo de Ongos estava entre 2,8 e 3mg/l. Os valores estavam abaixo dos padrões de orientação da Namíbia de <10mg/l indicando que não havia nenhuma forma de poluição na fonte de água fechada. No entanto, o DO na estação foi o mais alto mostrando interferência mínima de poluentes. A figura 5.12 mostra a carência biológica de oxigénio no furo de Ongos

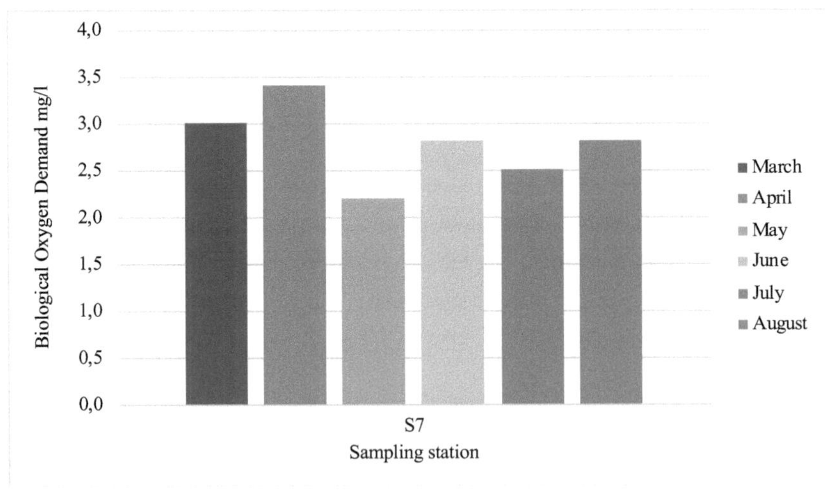

Figura 5.12: Carência biológica de oxigénio no furo de Ongos

5.3.7 Carência química de oxigénio

O valor médio da CQO foi de 68,48±38,6mg/l. Os níveis mais elevados de CQO (130mg/l) foram registados em agosto em S6, onde se encontram povoações humanas na área de captação. A CQO variou entre 27 mg/l e 130mg/l, excedendo a norma da Lei da Água de 1956 de 75mg/l. A análise de variância para a CQO entre os dados de 2010 e 2022 não revelou uma variação significativa (p=0,168). Um estudo semelhante realizado por Anhwange et al., (2012) sobre os impactos das actividades humanas na qualidade da água do rio Benue, na Nigéria, revelou que foram registados valores de CQO entre 91,60 mg/l e 128,83 mg/l devido ao influxo de resíduos de gado, resíduos domésticos e industriais. De acordo com Garg et al. (2010), a CQO é um indicador da poluição orgânica causada pelo afluxo de resíduos que contêm níveis elevados de poluentes orgânicos. A concentração elevada em S6 é um indicador de poluição.

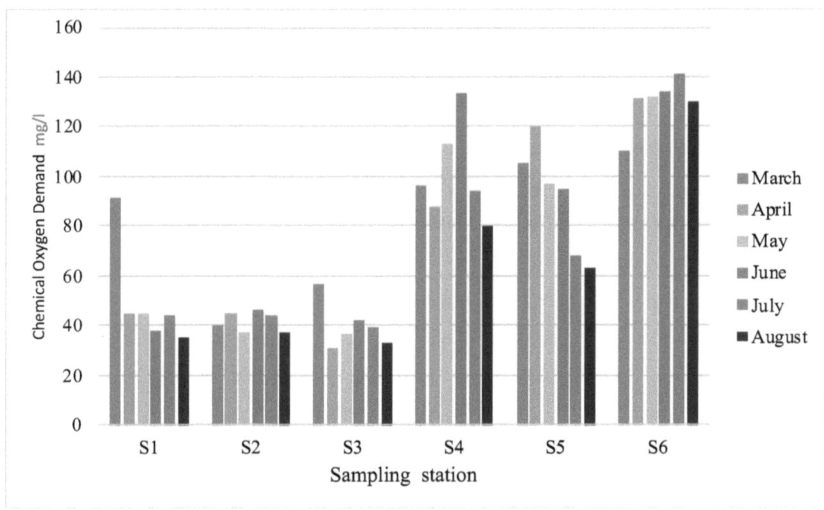

Figura 5.13: Carência química de oxigénio no rio Otjiseru

Os níveis de CQO no furo de Ongos (S7) situavam-se entre 20 e 33mg/l. Os valores de CQO foram os mais baixos em comparação com os outros locais. Este facto pode ser atribuído à natureza fechada da fonte. A figura 5.14 mostra a carência química de oxigénio no furo de Ongos.

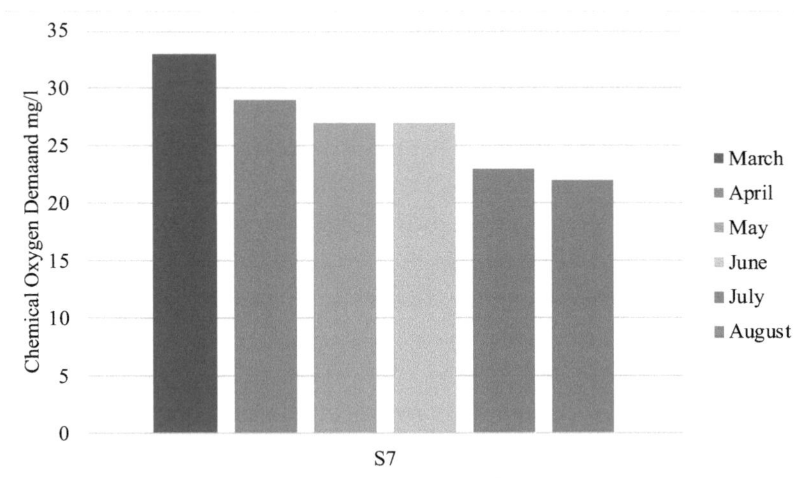

Figura 5.14: Carência química de oxigénio no furo de Ongos

5.3.8 Sólidos totais dissolvidos

O valor médio dos sólidos totais dissolvidos (TDS) foi de 748,24 ± 747,75mg/l. Os níveis de TDS foram constantes durante o período de amostragem para os pontos de amostragem S1, S2, S3, S4, S5 e S6. O ponto mais anómalo foi S7, onde os TDS flutuaram durante todo o período de amostragem. A análise de variância para TDS entre os dados de 2010 e 2022 não mostrou variação significativa (p=0,231). O TDS do rio Otjiseru variou ligeiramente devido a actividades antropogénicas nos assentamentos informais, como a construção de edifícios, e a factores naturais, como o escoamento superficial em dias de chuva (Pullanikkatil et al., 2015). Pullanikkatil et al., (2015) também afirma que o TDS é mais elevado na estação seca em relação à estação húmida devido à diluição resultante do aumento do escoamento. O TDS foi mais elevado no furo de Ongos (S7), provavelmente devido à lixiviação de sais para a água subterrânea (Figura 5.16). O TDS foi ligeiramente mais elevado na estação húmida em comparação com a estação seca.

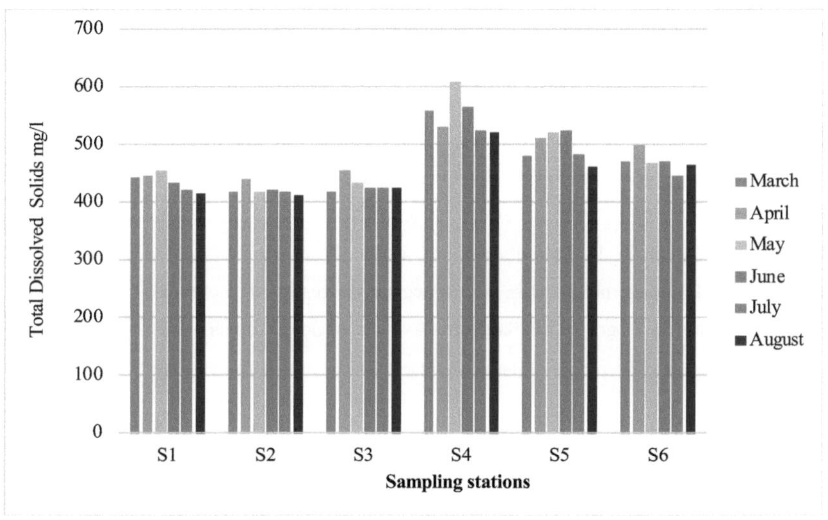

Figura 5.15: Total de sólidos dissolvidos no rio Otjiseru

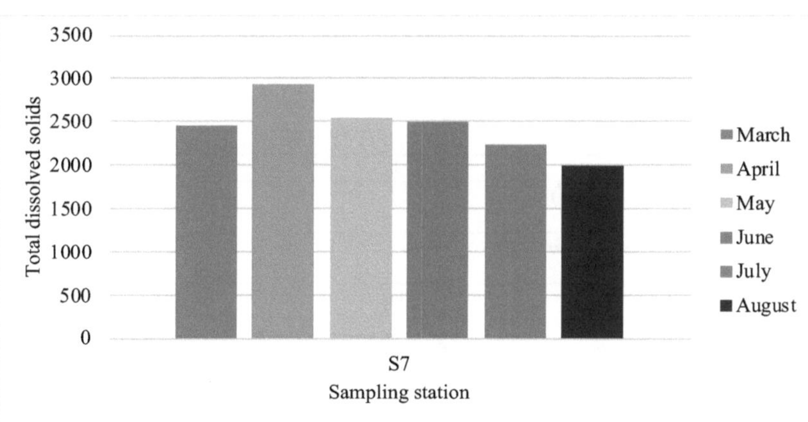

Figura 5.16: Sólidos totais dissolvidos no furo de sondagem de Ongos

5.3.9 Estimativa da concentração de clorofila a

A concentração de clorofila-a variou de 0 a 1,1mg/l. A concentração mais elevada de clorofila-a foi observada imediatamente antes do canal que alimenta o rio Otjomuise com o caudal proveniente da estação de tratamento de águas residuais de Otjomuise. Os níveis de concentração de clorofila-a em S1, S2, S3 estavam dentro dos limites permitidos de 0-1mg/l da Lei da Água de 1956 e ligeiramente acima do limite em S4 (1,1mg/l), como ilustrado na Tabela 5.3 abaixo. Isto pode ser atribuído à carga de nutrientes no efluente descarregado na estação de tratamento de águas residuais de Otjomuise, que continha níveis elevados de sulfato e azoto que favorecem o crescimento de algas. A concentração de clorofila a diminui a jusante à medida que aumenta o efeito de atenuação dos nutrientes. O principal fator que favorece a proliferação de algas é a disponibilidade de nutrientes (Indiana Department of Environmental Management, 2018). Não se registaram vestígios de clorofila-a nas amostras de água do furo de Ongos, o que confirma a ausência de crescimento de algas nas águas subterrâneas.

Tabela 5.3: Concentração média calculada de clorofila-a nos sete pontos de amostragem

Estação de amostragem	Concentração de clorofila-a (mg/l)
Derrame da barragem de Gorengab 1 (S1)	0.49
Derrame da barragem de Gorengab 2 (S2)	0.28
Derrame da barragem de Gorengab 3 (S3)	0.57
Otjomuise (S4)	1.1
Depois de Otjomuise (S5)	0.2
3 km depois de Otjomuise (S6)	0.2
Furo de Ongos (S7)	-0.01

Fonte: Trabalho de campo do investigador, 2022

5.4 Análise de componentes principais

A ACP foi utilizada para reduzir a dimensionalidade dos dados, bem como para identificar os principais parâmetros que contribuem para a poluição. A PCA revelou que existiam quatro componentes principais que contribuíam cumulativamente com 82,54% da variância do conjunto de dados.

O fator 1 contribuiu com 38,741% da variância com carga positiva na condutividade eléctrica, temperatura, oxigénio dissolvido e sólidos totais dissolvidos. O grupo de factores é constituído por parâmetros-chave que estão relacionados com a poluição antropogénica nos locais de amostragem.

De acordo com Gray (2004) em Hamid et al. (2020), os usos do solo urbano e agrícola aumentam os níveis de condutividade nas águas superficiais. Valores mais elevados de CE e TDS são indicadores de concentrações iónicas mais elevadas relacionadas com actividades antropogénicas e condições de meteorização geológica (Anhwange et al., 2012).

O segundo componente principal (Fator 2) explicou 25,11% da variância com cargas positivas de CQO, fosfatos, sulfatos e nitratos. Segundo Boyer, Goodale, Jaworski e Howarth (2002), as concentrações de azoto e de fósforo são frequentemente elevadas devido a factores antropogénicos como os fertilizantes agrícolas, as culturas fixadoras de azoto e os resíduos humanos e animais. Os parâmetros associados ao Fator 2 podem ter sido introduzidos através de fontes pontuais e/ou através de águas de escoamento superficial (fontes não pontuais) (Edwards et al. 2000; Goller et al. 2006).

Os factores 3 e 4 contribuíram para 11,27% da variância total e ambos tiveram uma carga positiva de pH. Um estudo efectuado por Kgabi et al. (2014), revelou que um pH baixo estava associado a nitratos elevados. A água que contém um nível elevado de poluição orgânica tende normalmente a ser um pouco ácida (Srivastava e Kumar, 2013). O pH é um indicador de variações na qualidade da água e é influenciado pelo dióxido de carbono dissolvido, pela concentração de iões carbonato e bicarbonato e pela decomposição de material orgânico (OMS, 2006).

Os resultados deste estudo revelaram que a CE, o TDS, o DO (%), os sulfatos, os nitratos, os fosfatos, a temperatura e o pH podem ser utilizados no programa de monitorização do rio Otjiseru pela cidade de Windhoek, uma vez que os seus valores são superiores a 0,5. Vários investigadores utilizaram a PCA para determinar os parâmetros vitais da qualidade da água que requerem uma monitorização regular. Um estudo semelhante realizado por Mosimanegape (2016), usou PCA para identificar nove parâmetros que eram críticos no monitoramento da qualidade da água da barragem de Dikgathong. Neste estudo, a PCA ligou a poluição à fonte pontual e fontes não pontuais, tais como uso urbano, escoamento agrícola e condições de intemperismo geológico. A Tabela 5.4.1 e a Tabela 5.4.2 mostram os componentes principais e os valores próprios, respetivamente.

Quadro 5.4 1: Componentes principais

<table>
<tr><td colspan="5" align="center">Matriz de componentes^a</td></tr>
<tr><td></td><td colspan="4" align="center">Componente</td></tr>
<tr><td></td><td>1</td><td>2</td><td>3</td><td>4</td></tr>
<tr><td>pH</td><td>-.412</td><td>.142</td><td>.637</td><td>.509</td></tr>
<tr><td>Condutividade (µs/cm)</td><td>.965</td><td>-.051</td><td>.073</td><td>.067</td></tr>
<tr><td>Temperatura (º C)</td><td>.672</td><td>.070</td><td>.255</td><td>.480</td></tr>
<tr><td>DO (%)</td><td>.851</td><td>.278</td><td>-.100</td><td>.249</td></tr>
<tr><td>CBO (mg/L)</td><td>.110</td><td>.029</td><td>-.826</td><td>.478</td></tr>
<tr><td>TDS (ppm)</td><td>.960</td><td>-.052</td><td>.052</td><td>.096</td></tr>
<tr><td>COD</td><td>-.475</td><td>.550</td><td>-.054</td><td>.438</td></tr>
<tr><td>Clorofila a</td><td>-.611</td><td>-.539</td><td>.028</td><td>.341</td></tr>
<tr><td>Sulfatos (mg/L)</td><td>.414</td><td>.760</td><td>.122</td><td>-.321</td></tr>
<tr><td>Fosfatos (mg/L)</td><td>-.486</td><td>.724</td><td>-.211</td><td>-.057</td></tr>
<tr><td>Nitratos (mg/L)</td><td>-.211</td><td>.750</td><td>.073</td><td>.064</td></tr>
<tr><td colspan="5">Método de extração: Análise de componentes principais.
a. 4 componentes extraídos.</td></tr>
</table>

Quadro 5.4.2 Valores próprios dos componentes principais

Componente	Valores próprios iniciais		
	Total	% de variação	% acumulada
1	4.262	38.741	38.741
2	2.366	21.507	60.249
3	1.239	11.267	71.515
4	1.213	11.024	82.540
5	.594	5.402	87.942
6	.492	4.471	92.413
7	.346	3.148	95.561
8	.234	2.129	97.691
9	.157	1.425	99.116
10	.091	.827	99.942
11	.006	.058	100.000

5.5 Análise de clusters

A análise de agrupamento é usada para agrupar parâmetros em clusters, dependendo da medida em que eles estão contribuindo para a poluição. Um dendrograma produzido pela CA agrupou as sete (7) estações de amostragem em dois (2) clusters seguindo o método de Ward na análise de agrupamento hierárquico (Fathi et al., 2018). O agrupamento 1 tinha S1, S2, S3, S4, S5 e S6, que são estações de amostragem ao longo do rio Otjiseru e o agrupamento 2 tinha a estação de amostragem S7, que é o furo de Ongos. As seis estações de amostragem no rio Otjiseru tinham caraterísticas homogéneas, enquanto o furo de Ongos apresentava as leituras mais elevadas, exceto no que diz respeito ao oxigénio dissolvido e à clorofila-a. O furo de Ongos pode estar contaminado por escoamento de actividades agrícolas onde a criação de gado é proeminente na área circundante. Os resultados mostram que a qualidade da água do rio Otjiseru difere da qualidade da água do furo de Ongos.

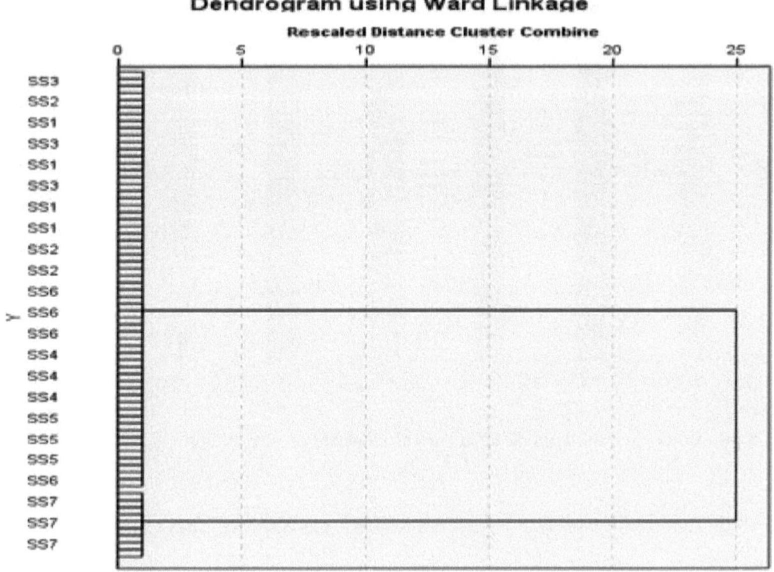

caFigura 5.17: Agrupamento das estações de amostragem Caraterísticas da qualidade da água do rio Otjiseru

5.6 Índice de qualidade da água do rio Otjiseru

A fórmula de cálculo do IQA com parâmetros em falta (Srivastava et al., 2013) foi utilizada porque a turbidez e o coliforme fecal não puderam ser medidos no estudo. O IQA para S1=57,83; S2 =57,94; S3= 51,87; S4= 51,28; S5= 53,79 e S7=53,76 foram classificados como água com qualidade média de acordo com o índice de IQA de Solway. A água que foi classificada como má foi observada em S6= 48,01. Os maiores valores de IQA foram observados em S1 e S2, mostrando a capacidade da barragem de Goreangab de atenuar os poluentes (Rocha et al., 2014). O IQA médio de 53,5 com base nos atributos físicos e químicos infere que a qualidade da água no rio Otjiseru é de qualidade média, o que implica que a água é adequada para consumo humano, desde que a água seja tratada. Houve pouca variabilidade espacial ou temporal na qualidade da água. A Figura 5.18 mostra os valores do IQA para as estações de amostragem.

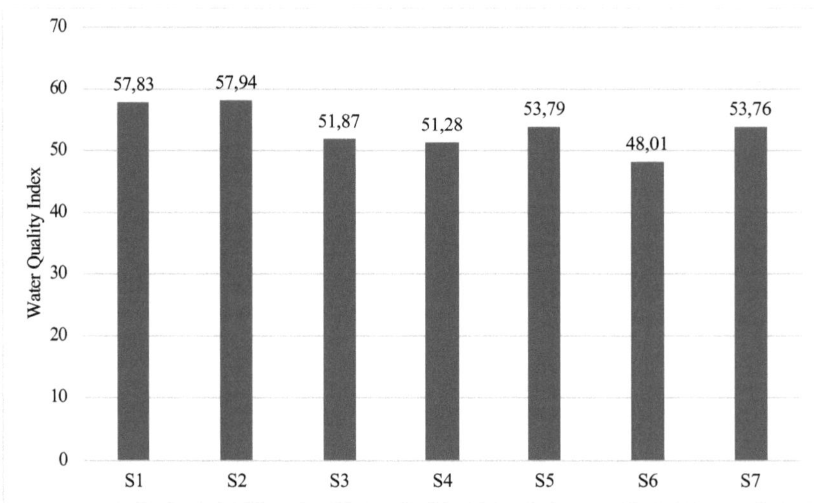

Figura 5.18: Índice de qualidade da água para as estações de amostragem

CAPÍTULO 6

6.0 CONCLUSÕES E RECOMENDAÇÕES

6.1 Conclusões

As propriedades físico-químicas e biológicas do rio Otjiseru foram estudadas em sete estações de amostragem ao longo do rio. O estudo inferiu que a qualidade da água no rio Otjiseru é influenciada principalmente por fontes de poluição não pontuais em áreas com povoações humanas, actividades agrícolas e potenciais fontes pontuais de poluição, como as estações de tratamento de águas residuais.

As utilizações do solo foram classificadas e a utilização dominante do solo na bacia hidrográfica do Otjiseru foi a área construída (64,1%), seguida de arbustos (18%) e, por último, corpos de água que cobriam 17,88% da área total. A PCA identificou oito parâmetros, de entre onze, que contribuem para a poluição do rio Otjiseru. Entre estes parâmetros estavam os fosfatos, os nitratos que excediam os limites permitidos e o oxigénio dissolvido que estava abaixo do limite. Os resultados deste estudo demonstraram a importância do índice de qualidade da água ao fornecer um impacto composto de parâmetros individuais de qualidade da água na qualidade global da água. O índice de qualidade da água mostrou que a qualidade da água em cada estação de amostragem era de qualidade média.

O índice relativo de qualidade da água para o rio Otjiseru foi de 53,5. Os valores do IQA foram mais elevados nos pontos S1 e S2, localizados perto do vertedouro da barragem de Goreangab, reflectindo a capacidade de purificação da albufeira, e o pior valor do IQA foi no ponto S6, o que implica que os nutrientes provêm de efluentes da Estação de Tratamento de Águas Residuais de Otjomuise e de povoações ilegais. O estudo conclui que a qualidade da água em todas as estações de amostragem foi influenciada principalmente por actividades humanas e usos do solo.

6.2 Recomendações

- O Município da Cidade de Windhoek deve regularizar todas as alterações de uso/cobertura do solo através de avaliações ambientais adequadas de planeamento do uso do solo antes do desenvolvimento de infra-estruturas na bacia hidrográfica para uma melhor gestão da qualidade da água.
- A cidade de Windhoek deve considerar a utilização dos oito factores identificados por este estudo para facilitar a monitorização do rio Otjiseru.

- O programa de monitorização do rio Otjiseru pode ser desenvolvido considerando que os componentes principais e os grupos de estações de amostragem foram identificados.
- A Câmara Municipal de Windhoek deve dotar os aglomerados populacionais informais de instalações sanitárias e de higiene adequadas, a fim de preservar a saúde pública.

7.0 REFERÊNCIAS

Aher, K. R e Deshpande, S. M. (2011). Avaliação da qualidade da água do reservatório de Maniyad da aldeia de Parala, distrito de Aurangabad: adequação para uso polivalente. *Revista Internacional de Tendências Recentes em Ciência e Tecnologia, Volume 1, Número 3,* pp. 91-95.

Anhwange, B. A., Agbaji, E. B, e Gimba, E. C. (2012). Avaliação do Impacto das Actividades Humanas e da Variação Sazonal no Rio Benue, dentro da Metrópole de Makurdi. *Revista Internacional de Ciência e Tecnologia,* **2(5):** 248-254.

Anim. S, Ofosu, Adjei. K. A e Odai S. N (2021). Avaliação da qualidade do rio Densu utilizando análise multicriterial e índice de qualidade da água. *Jornal de Ciências Aplicadas da Água* **11:**183

APHA -American Public Health Association (Associação Americana de Saúde Pública). American Water Works Association (AWWA) e Water Environment Federation (WEF). (2005). Standard methods for the examination of water and wastewater (21st ed.). Washington: Associação Americana de Saúde Pública

Bidhendi M.E (2013) Avaliação das variações espaciais e sazonais da qualidade das águas de superfície utilizando técnicas estatísticas multivariadas. *International Journal Environmental Scencei Technoogyl* **6(3):**467-476. *https://doi.org/10.1007/ bf03326086*

Boyer EW, Goodale CL, Jaworski NA, Howarth RW (2002). Anthropogenic nitrogen sources and relationships to riverine nitrogen export in the Northeastern USA (Fontes antropogénicas de azoto e relações com a exportação de azoto fluvial no Nordeste dos EUA). *Biogeochemistry* **57(58):**137-169

Boyles, W. (1997). A ciência da carência química de oxigénio. Technical Information Series, Booklet, *(9), 24.* http://www.hach.com/asset-get.download.jsa?id=7639984471. 01/06.2022.

Bradner, A. (2013). Correlações entre parâmetros de qualidade da água e níveis de 4-NP na água e sedimentos da bacia hidrográfica de Stroubles Creek. *VA: Blacksburg.*

Camara. M, Jamil. R.N e Abdullah.A. F. B (2019). Impacto dos usos da terra na qualidade da água na Malásia: uma revisão. *Processos Ecológicos* **8:**10.

Conselho Canadiano dos Ministros do Ambiente (CCME) (2001). Canadian water quality guidelines for the protection of aquatic life, CCME water quality Index 1.0, Technical Report. In: Canadian environmental quality guidelines, 1999. Winnipeg: Conselho Canadiano de Ministros do Ambiente. http://www.ccme.ca/assets/pdf/ wqi_techrprtfctsht_e.pdf

Conselho Canadiano dos Ministros do Ambiente (CCME). (2001). Canadian water quality guidelines for the protection of aquatic life, CCME water quality Index 1.0, Technical Report. Em Canadian environmental quality guidelines, 1999. Winnipeg: Conselho Canadiano de Ministros do Ambiente. http://www.ccme.ca/assets/pdf/ wqi_techrprtfctsht_e.pdf.

Cidade de Windhoek - Portal de Turismo - Bem-vindo ao Portal de Turismo (windhoekcc.org.na). *Acedido em 02 de julho de 2022*

Claasen, T. (2016). Uma comparação da qualidade da água e da ecotoxicidade entre as barragens de Von Bach, Swakoppoort e Goreangab. *Revista Internacional de Investigação e Desenvolvimento Inovadores,* 378 - 387.

Cude, C. G. (2001). Índice de qualidade da água do Oregon: uma ferramenta para avaliar a eficácia da gestão da qualidade da água, *Journal of the American Water Resources Association,* 37: 125-137.

Debels, P. e Figueroa, R. e Urrutia, R. e Barra, R. e Niell, X. (2005). Avaliação da qualidade da água no rio Chillán (Chile Central) utilizando parâmetros físico-químicos e um índice de qualidade da água modificado. *Environmental Monitoring and Assessment,* Vol. 110, No. 1301-322.

Duan, W., He, B., Nover, D., Yang, G., Chen, W., Meng, H., Liu, C. (2016). Avaliação da qualidade da água e identificação da fonte de poluição da bacia do lago Poyang oriental usando métodos estatísticos multivariados. *Sustentabilidade,* **8(2):** 133.

Dutta, S., Kole, R. K., Ghosh, S., Nath, D., e Vass, K. K. (2005). Avaliação do impacto do chumbo na qualidade da água do rio Ganga em Bengala Ocidental, Índia. Boletim de Contaminação Ambiental e Toxicologia. *novembro de 2005, Volume 75, Número 5,* pp 1012-1019.
Ecossistema durante a monção? Workshop USA PUB, CUASHI.

Edwards AC, Twist H, Codd GA (2000). Assessing the impact of terrestrially derived phosphorus on flowing water systems (Avaliação do impacto do fósforo de origem terrestre nos sistemas de água corrente*). Journal of Environmental Quaityl* **29:**117-124.

EPA. (2001). Parâmetros de qualidade da água. Proteção do Ambiente, 133. http://doi.org/10.1017/CBO9781107415324.004

Evans-White, M., Haggard, B. E., & Scott, J. T. (2013). A review of stream nutrient criteria development in the United States. *Journal of Environmental Quality,* **42(4):** 1002-1014.

Fataei, E. (2011). Avaliação da qualidade das águas de superfície utilizando a análise de componentes principais e a análise fatorial, **3(2):,** 159-166.

Faul, F., Erdfelder, E., Buchner, A., e Lang, A. G. (2009). Statistical power analyses using G Power 3.1: tests for correlation and regression analyses. *Behaviour Research Methods,* **41(4):** 1149-60.

Giao, N.T., Nhien, H.T.H. e Anh, P.K., 2022. Avaliação da qualidade das águas subterrâneas usando métodos de classificação e multicritérios: Um estudo de caso da cidade de Can Tho, Vietnam. *Ambiente. Natural. Resources. J.* **20:** 179-191. https://doi.org/10.32526/ennrj/20/202100183

Giri, S. and Qiu, Z. (2016) Understanding the relationship of land uses and water quality in twenty first century: a review. *Jornal de Gestão Ambiental* **173**:41-48. *10.1016/J.JENVMAN.2016.02.029.* Acedido em 15 de julho de 2021.

Gogoba A. I, Matias-Peralta H. M, Basri H e Nmaya M. M, (2013). Efeito inibitório do extrato de pigmento de *Scenedesmus* sp. Em alimentos enriquecidos com *Staphylococcus aureus* de origem alimentar. *Journal Clean WAS (1)* 23-25

Goller R, Wilcke W, Fleischbein K, Valarezo C, Zech W (2006) Formas dissolvidas de nitrogénio, fósforo e enxofre no ecossistema de uma floresta montana no Equador. *Biogeochemistry* **77**:57-89 Acedido em 10 de julho de 2021

Gupta, A. K., Gupta, S. K. & Patil, R. S. (2003). A comparison of water quality indices for coastal water, *Journal of Environmental Science and Health,* **A38:,** 2711-2725

Hamid. A, Bhat. S. U e Jehangir. A, (2020). Determinantes locais que influenciam a qualidade da água do riacho. *Applied Water Science* **10**:24 Publicado online: 3 de dezembro de 2019. Acedido em 05 de agosto de 2022

Hansen, C. H., Williams, G. P., Adjei, Z., Barlow, A., Nelson, J e Miller, A. W. (2015). Gestão de lagos e reservatórios Monitoramento da qualidade da água do reservatório usando sensoriamento remoto com modelos sazonais: Estudo de caso de cinco reservatórios do centro de Utah Reservoir water quality monitoring using remote sensing with seasonal models, 2381(November). http://doi.org/10.1080/10402381.2015.1065937

Harrafi, H., Khedri, M., e Karaminejad, K. (2012). Determinação da Demanda Química de Oxigénio em Cáustico Desperdiçado por Determinação Potenciométrica. *Academia Mundial de Ciência, Engenharia e Tecnologia,* **6 (7):** 190-192.

Hoff, M. A. (2013). Controlo da poluição agrícola de origem não pontual. Tese de mestrado não publicada. Instituto de Tecnologia de Massachusetts http://www.dspace.mit.edu/bitstream/handleMIT.pdf.

Hoque. M (2013). Avaliação de alguns parâmetros de qualidade da água do rio Bansi nas estações de monção e inverno. *Journal of Environment Science Natural Resources 5(2):53-57.* https://doi.org/10.3329/jesnr.v5i2.14601.

Iqbal, J., Mumtaz, M. ., Mukhtar, H., Iqbal, T., Mahmood, S., e Razaq, A. (2010). Análise da distribuição do tamanho das partículas e caraterização físico-química da água do rio Chenab em Marala Headworks. *Jornal de Botânica do Paquistão,* **42(2)**: 1153-1161

Jolliffe, I.T., Cadima, J., Cadima, J., 2016. Análise de componentes principais: uma revisão e desenvolvimentos recentes Áreas temáticas : Acedido em 10 de agosto de 2022

Kgabi. N e Joseph. G (2014). Determinação da Qualidade da Água no Rio Gammams, Windhoek. *Jornal Internacional de Ciências Ambientais* **1(4)**:299-305.

Kibena, J., Nhapi, I., e Gumindoga, W. (2014). Avaliar a relação entre os parâmetros de qualidade da água e as mudanças nos padrões de uso da terra no Alto Rio Manyame, Zimbabué. Física e Química da Terra, 67-69, 153-163.

Kim JY, An KG (2015). Avaliações ecológicas integradas da saúde dos rios, baseadas na química da água, na qualidade do habitat físico e na integridade biológica. *Água* **7**:6378-6403

Kim SJ, Ohte N, Kawasaki M, Katsuyama M, Tokuchi N, Hobara S (2003) Respostas interactivas de sulfato e nitrato dissolvidos a perturbações associadas à doença da murchidão do pinheiro numa floresta temperada. *Soil Science Plant Nutitionr* **49(13)**:539-550

Kutlu, B., Kucukgul, A., Serdar, O., Aydin, R., & Danabas, D. (2016). Avaliação dos parâmetros de qualidade da água no lago da barragem de Uzuncayır usando análise estatística multivariada. *Boletim de Investigação* **3**: 223-234.

Lahnsteiner, J e Lempert, G. (2005). Gestão da água em Windhoek/Namíbia, 1-2. Recuperado em 16 de março de 2022, de http://www2.gtz.de/Dokumente/oe44/ecosan/enwater-management-windhoek-namibia-2005.pd

Lehmann, F. (2012). Qualidade da água da barragem de Swakoppoort, Namíbia. Dissertação. Acedido em 10 de outubro de 2021

Lempert, J. L. (2007). Gestão da água em Windhoek, Namíbia. *Ciência e Tecnologia da Água,*

Liya Fu e You-GanWang (2012). Statistical Tools for Analyzing Water Quality Data, Water Quality Monitoring and Assessment, Dr. Voudouris (Ed.), ISBN: 978-953-51-0486-5, InTech, Disponível em: http://www.intechopen.com/books/water-quality-monitoring-and-assessment/statistical-tools-for-analyzing-water-quality-data.

Makwe E e Chup CD (2013) Variação sazonal das propriedades físico-químicas das águas subterrâneas em torno do matadouro de Karu. *Ethiopia Journal Environmental Studies Management* **6(5)**:489-497. https://doi.org/10.4314/ejesm.v6i5.6

Mendelsohn, J., Jarvis, A., Roberts, C., Robertson, T (2002). Atlas da Namíbia: A portrait of the land and its people. David Philip Publishers, Cidade do Cabo, 200.

Menges, Werner, Oliveria e Yokany (2019). 'Khomas enfrenta a pior seca em 90 anos'. *O namibiano. p.1* Recuperado em 12 de julho de 2022

Mohsin, M., Safdar, S., Asghar, F., e Jamal, F. (2013). Avaliação da qualidade da água potável e seu impacto na saúde dos residentes na cidade de Bahawalpur. *Revista Internacional de Humanidades e Ciências Sociais,* 3(15): 114-128.

Mosimanegape, K. (2016). Integração da avaliação físico-química da qualidade da água com técnicas de deteção remota para a barragem de Dikgathong no Botsuana. Universidade do Zimbabué. Dissertação

Mutlu, E., Kutlu, B., e Demir, T. (2016). Avaliação da qualidade da água do córrego Çinarli (Hafik -Sivas) por meio de métodos físico-químicos. *Jornal Turco de Agricultura - Ciência e Tecnologia Alimentar,* **4(4)**: 267-278.

Owa, F.D. (2013). Poluição da água: Fontes , Efeitos , Controlo e Gestão, Mediterrâneo. *Jornal de Ciências Sociais,* **4(8)**: 65-68.

Patil, P., Sawant, D., e Rn, D. (2012). Parâmetros físico-químicos para teste de água - uma revisão. *Revista Internacional de Ciências Ambientais,* **3(3)**: 1194-1207

Ritabrata, R (2019): Uma introdução à análise da qualidade da água. *ESSENCE International. Revista. Environmental. Reabilitação. Conservação.* **IX (1):** 94-100

Sabater S e Elosegi A (2013). Conservação dos rios: desafios e oportunidades. Fundação BBVA. ISBN: *978-84-92937-47-9*

Salah, E. A. M., Turki, A. M., e Al-othman, E. M. (2012). Avaliação da qualidade da água do rio Eufrates usando análise de cluster, 2012 (dezembro), 1629-1633.

Saleem, M., Hussain, A., Mahmood, G., 2016. Análise da qualidade das águas subterrâneas utilizando o índice de qualidade da água: Um estudo de caso da grande Noida (Região), Uttar Pradesh (U.P), *Índia. Cogent Eng. 3, 1-11.* https://doi.org/10.1080/23311916.2016.1237927

Sarbar MA (1992). Dióxido de carbono e teor de ácidos fracos da água de Wasia. In: Actas da Conferência Internacional sobre Química na Indústria, Bahr.

Sartory, D.P. and Grobbelaar, J.U. (1984) Extraction of Chlorophyll a from Freshwater Phytoplankton for Spectrophotometric Analysis. *Hydrobiologia,* **114:**, 177-187.

Şener Ş, Şener E, Davraz A (2017) Avaliação da qualidade da água usando o método do índice de qualidade da água (WQI) e GIS no rio Aksu (SWTurkey). Sci Total Environ 585-585:131-144. https://doi.org/10. 1016/j.scitotenv.2017.01.102

Shrestha S e Kazama F (2007). Assessment of surface water quality using multivariate statistical techniques: a case study of the Fuji River basin, Japan. *Environmental Model Software* **22(4):**464-475. https:// doi.org/10.1016/j.envsoft.2006.02.001

Sickman JO, Zanoli MJ, Mann HL (2007) Effects of urbanization on organic carbon loads in the Sacramento River, *California. Water Resource* **43(11):**1-15. https://doi.org/10.1029/2007WR005954

Srivastava, G e Kumar, P. (2013). Índice de qualidade da água com parâmetros em falta. Tech (Environmental Science & Engg.), IJRET*: Revista Internacional de Pesquisa em Engenharia e Tecnologia ISSN: 2319-1163*

Tessema , Mohammed, B. T. (2014). Avaliação da Qualidade Físico-Química da Água da Barragem de Bira, Bati Wereda. *Journal of Aquactic Reearchs Development*, **5(6)**: 1-4

TNC. (2016). Plano de Água Urbana da África Subsariana: Garantir a água através de fundos de água e outros investimentos em infra-estruturas ecológicas. The Nature Conservancy: Nairobi, Quénia. Nairobi, Quénia: The Nature Conservancy.

Vushe, A., Haimene, E. P. e Mashauri, D. (2014). Mudanças no uso da terra na Namíbia e qualidade da água de nutrientes do rio Okavango. *Revista de Agricultura e Ciências Ambientais* **3** (**2):**, 219-239 *ISSN: 2334-2404 (Print), 2334-2412.* Publicado por American Research Institute for Policy Development. Acedido em 12 de março de 2022.

Walakira, P., e Okot-okumu, J. (2011). Impacto dos efluentes industriais na qualidade da água dos cursos de água em Nakawa-Ntinda, Uganda. *Ciência Aplicada Gestão Ambiental*, **15 (2):** , 289 - 296 .

Welch, HL, Kingsbury, JA, Tollett, RW, Seanor, RC, (2010). Ocorrência de fósforo nas águas subterrâneas e superficiais do noroeste do Mississippi Welch, Kingsbury, Coupe.

OMS (2014). Household water treatment and safe storage. www-published http://www.who.int/household_water/en/. Acedido em 20/11/21.

OMS. (2011). Diretrizes para a qualidade da água potável. www.who.int/water_sanitation_health/publications/2011/dwq_chapters/en/.

Organização Mundial da Saúde. (2010). Diretrizes para a qualidade da água potável. Irlanda: Agência de Proteção Ambiental.

Zandbergen, P. A. & Hall, K. J. (1998). Análise do índice de qualidade da água da Colúmbia Britânica para gestores de bacias hidrográficas: um estudo de caso de duas pequenas bacias hidrográficas. *Water Quality Research Journal of Canada,* **33**: 519-549.

Zhang, J e Zhang, C (2014). Quality assurance/quality control in surface water sampling, Recuperado de www.futurescience.com. Acesso em 27 de outubro de 2021.
.

APÊNDICE 1: Coordenadas dos pontos de amostragem

Número da estação	Latitude (Sul)	Longitude (Leste)
S1	-22.529177	17.006648
S2	-22.529303	17.002389
S3	-22.527261	17.00102
S4	-22.526505	16.999855
S5	-22.526478	16.999096
S6	-22.522988	16.995329
S7	-22.455772	16.984055

APÊNDICE 2: Normas e diretrizes para as águas de superfície (Lei da Água de 1956 - Diretrizes)

Determinantes	Níveis máximos admissíveis
pH	5,5% - 9,5%
Oxigénio dissolvido	Uma saturação de pelo menos 75%
Carência química de oxigénio	75 mg/l
Carência biológica de oxigénio	nenhum valor dado
Sólidos totais dissolvidos	Não mais de 500 mg/l do que o TDS' da água de entrada
Temperatura	35 C

APÊNDICE 3: Determinantes com implicações estéticas / físicas Lei da Água de 1956

DETERMINAN TE S	UNIDA DES	LIMITES PARA GRUPOS			
		A	B	C	D

Condutividade	mS/cm 25	150	300	400	400
Sulfato	mg/l SO4	200	600	1200	1200
Nitrato	Nitrato mg/l N	10	20	40	40
PH****	Unidade de pH	6,0 - 9,0	5,5 - 9,5	4,0 - 11,0	4,0 - 11,0

APÊNDICE 4: Cálculo do IQA da estação de amostragem S1

Parâmetros	Resultados em bruto	Factores de peso (W_Y)	Valores Q (Q_Y)	$W\,Q_{Y}\,Y$
DO	50	0.17	43	7.31
CBO	2.3	0.11	80	8.8
pH	7.5	0.11	93	10.23
Fosfato	2.1	0.10	26	2.6
Nitrato	0.4	0.10	97	9.7
Temperatura	18.6	0.10	23	2.3
Sólidos totais dissolvidos	434	0.07	43	3.01
Valor total				$\sum W\,Q_{Y}\,Y = 43.95$

Fonte: Trabalho de campo do investigador 2022

$$WQI_{MP} = \sum W_Y Q_Y / \sum W_Y$$

$$= 43.95/(0.17+0.11+0.11+0.10+0.10+0.10+0.07)$$

$$= 57.83$$

APÊNDICE 5: Cálculo do IQA da estação de amostragem S2

Parâmetros	Resultados em bruto	Factores de peso (W_Y)	Valores Q (Q_Y)	$W\,Q_{Y}\,Y$
DO	42	0.17	30	5.1

CBO	2.6	0.11	96	10.56
pH	7.5	0.11	93	10.23
Fosfato	1.9	0.10	30	3
Nitrato	0.4	0.10	97	9.7
Temperatura	18.8	0.10	23	2.3
Sólidos totais dissolvidos	420	0.07	45	3.15
				$\sum W_Y Q_Y$ =44.04

Fonte: Trabalho de campo do investigador 2022

$$WQI_{MP} = \sum W_Y Q_Y / \sum W_Y$$

$$=44.04/(0.17+0.11+0.11+0.10+0.10+ 0.10+0.07)$$

$$=57.94$$

APÊNDICE 6: Cálculo do IQA da estação de amostragem 3

Parâmetros	Resultados em bruto	Factores de peso (W_Y)	Valores Q (Q_Y)	$W Q_Y Y$
DO	6.3	0.17	3	0.51
CBO	2.3	0.11	80	8.8
pH	7.6	0.11	93	10.23
Fosfato	1.9	0.10	80	8
Nitrato	7.8	0.10	65	6.5
Temperatura	18.6	0.10	23	2.3
Sólidos totais dissolvidos	429	0.07	44	3.08
Valor total				$\sum W_Y Q_Y Y$ = 39,42

Fonte: Trabalho de campo do investigador 2022

$$WQI_{MP} = \sum W_Y \, Q_Y \,/\, \sum W_Y$$

$$=39.42/(0.17+0.11+0.11+0.10+0.10+ 0.10+0.07)$$

$$=51.87$$

APÊNDICE 7: Cálculo do IQA da estação de amostragem S4

Parâmetros	Resultados em bruto	Factores de peso (W_Y)	Valores Q (Q_Y)	W Q_Y Y
DO	5.4	0.17	3	0.51
CBO	3	0.11	66	7.26
pH	7.7	0.11	90	9.9
Fosfato	1.2	0.10	80	8
Nitrato	0.7	0.10	96	9.6
Temperatura	19	0.10	23	2.3
Sólidos totais dissolvidos	550	0.07	20	1.4
Valor total				$\sum W \, Q_Y$ Y $=38.97$

Fonte: Trabalho de campo do investigador 2022

$$WQI_{MP} = \sum W_Y \, Q_Y \,/\, \sum W_Y$$

$$=38.97/(0.17+0.11+0.11+0.10+0.10+ 0.10+0.07)$$

$$=51.28$$

APÊNDICE 8: Cálculo do IQA da estação de amostragem S5

Parâmetros	Resultados em bruto	Factores de peso (W_Y)	Valores Q (Q_Y)	W Q_Y Y
DO	8	0.17	7	1.36
CBO	3	0.11	66	7.26
pH	7.7	0.11	90	9.9
Fosfato	3.7	0.10	80	8

Nitrato	0.5	0.10	96	9.6
Temperatura	20	0.10	21	2.1
Sólidos totais dissolvidos	496	0.07	38	2.66
Valor total				$\sum W\,Q_{Y}\,Y = 40.88$

Fonte: Trabalho de campo do investigador 2022

$$WQI_{MP} = \sum W_Y\,Q_Y \, / \sum W_Y$$

$$= 40.88/(0.17+0.11+0.11+0.10+0.10+0.10+0.07)$$

$$= 53.79$$

APÊNDICE 9: Cálculo do IQA da estação de amostragem S6 (3 km a jusante da estação de tratamento de águas residuais de Otjomuise)

Parâmetros	Resultados em bruto	Factores de peso (W_Y)	Valores Q (Q_Y)	W Q_Y Y
DO	10.9	0.17	8	1.36
CBO	2.9	0.11	73	8.03
pH	7.7	0.11	90	9.9
Fosfato	4	0.10	80	8
Nitrato	16.6	0.10	43	4.3
Temperatura	20.2	0.10	21	2.1
Sólidos totais dissolvidos	469	0.07	40	2.8
Valor total				$\sum W\,Q_{YY} = 36.49$

Fonte: Trabalho de campo do investigador 2022

$$WQI_{MP} = \sum W_Y\,Q_Y \, / \sum W_Y$$

$$= 36.49/(0.17+0.11+0.11+0.10+0.10+0.10+0.07)$$

$$= 48.01$$

APÊNDICE 10: Cálculo do IQA da estação de amostragem S7 (Furo de Ongos)

Parâmetros 7	Resultados em bruto	Factores de peso (W_Y)	Valores Q (Q_Y)	$W\,Q_{YY}$
DO	20.3	0.17	13	2.21
CBO	2.8	0.11	73	8.03
pH	7.3	0.11	92	10.12
Fosfato	0.3	0.10	80	8
Nitrato	0.5	0.10	96	9.6
Temperatura	25.3	0.10	15	1.5
Sólidos totais dissolvidos	2441	0.07	20	1.4
Valor total				$\sum W\,Q_{YY}=$ **40.86**

Fonte: Trabalho de campo do investigador 2022

$$WQI_{MP} = \sum W_Y\,Q_Y / \sum W_Y$$

$$=40.86/(0.17+0.11+0.11+0.10+0.10+0.10+0.07)$$

$$=53.76$$

yes
I want morebooks!

Buy your books fast and straightforward online - at one of world's fastest growing online book stores! Environmentally sound due to Print-on-Demand technologies.

Buy your books online at
www.morebooks.shop

Compre os seus livros mais rápido e diretamente na internet, em uma das livrarias on-line com o maior crescimento no mundo! Produção que protege o meio ambiente através das tecnologias de impressão sob demanda.

Compre os seus livros on-line em
www.morebooks.shop